ISBN 978-3-662-24133-2   ISBN 978-3-662-26245-0 (eBook)
DOI 10.1007/978-3-662-26245-0

Die in den Sitzungsberichten Abt. I und Abt. II der math.-nat. Klasse der Österr. Akad. d. Wiss. erscheinenden Abhandlungen werden auch einzeln abgegeben. Sie können durch jede Buchhandlung oder direkt durch die Auslieferungsstelle der Österreichischen Akademie der Wissenschaften (Wien I, Singerstraße 12) bezogen werden.

Nachfolgende Abhandlungen aus dem Fache **Astronomie** sind erschienen:

1950 (S II a, Bd. 159):

Haupt H.: Über Phasenkoeffizienten und Albedo der kleinen Planeten Ceres, Pallis, Juno und Vesta, 20 Seiten. S 21.60

Nikoloff I.: Definitive Bahnbestimmung des Kometen 1936 III (Kaho-Kozik.-Lis), 17 Seiten. S 20.40

Pastor M.: Die Feuerkugel vom 4. Jänner 1945, $17^h\,52^m$ MEZ., 22 Seiten. S 16.—

Socher H.: Die Polhöhe der Universitäts-Sternwarte Wien. 10 Seiten. S 8.60

Socher H.: Veränderliche Fundamentalsterne der „Potsdamer Durchmusterung" (mit 2 Abbildungen), 9 Seiten. S 7.20

1951 (S II a Bd. 160):

Eichhorn H.: Die Genauigkeit einer Kreisbahnbestimmung, 15 Seiten. S 8.50

Schrutka-Rechtenstamm Erna: Definitive Bahnbestimmung des Kometen 1932 I, 25 Seiten S 19.80

Senftl E.: Definitive Bahnbestimmung des Kometen 1930 V (Forbes), 15 Seiten. S 13.60

1952 (S II a, Bd. 161):

Ferrari d'Occhieppo K.: Die Häufigkeitsfunktion der Sternmassen (mit 3 Abbildungen), 31 Seiten. S 22.50

Hopmann J.: Selenodätische Untersuchungen, 46 Seiten. S 23.90

Krumpholz H.: Beobachtungen von Kometen und von (433) Eros, 2 Seiten. S 2.20

Nikoloff I.: Photographische Positionen am Normal-Astrographen, 2 Seiten. S 2.20

Schütte K.: Galaktozentrische Bahnelemente von 1026 Fixsternen in der nächsten Umgebung der Sonne (mit 3 Abbildungen), 72 Seiten. S 27.—

Schrutka-Rechtenstamm G.: Definitive Bahnbestimmung des Kometen 1930 III, 21 Seiten. S 8.—

1953 (S II a, Bd. 162):

Eichhorn H.: Ein verkürztes Verfahren zur exakten Bestimmung von Schrauben- oder Skalenfehlern und Untersuchung des Töpferschen Meßapparates der Wiener Universitäts-Sternwarte (mit 1 Abbildung und 1 Tafel). S 21.50

Hopmann J.: Photometrie von 420 visuellen Doppelsternen. S 35.80

Hopmann J.: Beobachtungen der totalen Mondesfinsternis vom 30. Jänner 1953 auf der Universitäts-Sternwarte Wien (mit 4 Abbildungen). S 18.70

Hopmann J.: Photometrisch-kolorimetrische Beobachtungen von visuellen Doppelsternen. S 19.20

Schrutka-Rechtenstamm G.: Definitive Bahnbestimmung des Kometen 1932 V (Peltier-Whipple). S 29.40

Schütte K.: Galaktozentrische Bahnelemente von 1026 Fixsternen in der nächsten Umgebung der Sonne (mit 5 Abbildungen). S 27.—

Widorn Th.: Die atmosphärischen Verhältnisse bei astronomischen Beobachtungen in Wien (mit 7 Abbildungen). S 7.20

1954 (S II, Bd. 163):

Ferrari d'Occhieppo K.: Leuchtkraftfunktionen und Heß-Diagramm im Bereich der Weißen Zwerg-Sterne (mit 2 Abbildungen). S 14.30

Hopmann J.: Photometrisch-kolorimetrische Beobachtungen von visuellen Doppelsternen. II. Beobachtungen mit dem Rotkeil-Kolorimeter. S 14.90

Hopmann P.: Photometrisch-kolorimetrische Beobachtungen von visuellen Doppelsternen. III. Beobachtungen mit dem Blau-Rot-Keil-Kolorimeter. Diskussion des Gesamtmaterials. Die Farbenhelligkeitsverteilung. S 21.30

Hopmann J.: Der Doppelstern ADS 11632. S 14.30

Die Genauigkeit dynamischer Parallaxen
Die Systemkonstanten von sechs langperiodischen Doppelsternen

Von

J. Hopmann

(Vorgelegt in der Sitzung vom 17. März 1960)

Zusammenfassung

Um die Lage eines Sternes im Farbenhelligkeitsdiagramm genügend sicher einzutragen bzw. seine Zuordnung zu einer Leuchtkraftklasse, ist es nötig, daß sein Entfernungsmodul $(m - M)$ höchstens einen m. F. von $\pm 0^{\rm m}5$ hat. Dann versagen die trigonometrischen Parallaxen ab $0{.}^{\prime\prime}055$. Die Leistungsfähigkeit der dynamischen bzw. strahlungsenergetischen Parallaxen wurde in erster Linie an Hand des Kataloges von Franz kritisch geprüft mit folgenden Ergebnissen:

1. Zur Ermittlung dynamischer Parallaxen sind zwar die Angaben für die scheinbaren Helligkeiten der Komponenten und deren Farbäquivalente (Spektren) unbedingt nötig. Dabei wirken sich aber deren Unsicherheiten beim strahlungsenergetischen Verfahren nur in überraschend geringem Maße auf die Parallaxen und nur wenig auf die errechneten Massen der Komponenten aus. Stärker dagegen die Abweichungen der Einzelmassen von der empirischen $(\mathfrak{M}, M)$-Beziehung.

2. Bei Doppelsternen mit bekannten Bahnelementen (dynamische Parallaxen erster Art) ist deren Unsicherheit auch nur von mäßigem Einfluß. Ausschlaggebend ist vielmehr die Genauigkeit der scheinbaren Flächenkonstanten. Bei gut bestimmten Systemen liegt der m. F. eines $(m - M)$ bei $\pm 0^{\rm m}15$, bei provisorischen Bahnelementen etwa bei $\pm 0^{\rm m}32$.

3. Die dynamischen Parallaxen zweiter Art nach dem Verfahren von Russell aus Bahnbögen haben einen m. F. der $(m - M)$ von min-

destens $\pm$ 1ᵐ0. Sie sind für statistische Zwecke vielleicht noch brauchbar, nicht für obige Ziele. Grund hierfür ist neben der unvollkommenen Ausnutzung des vorhandenen Beobachtungsmaterials prinzipiell die natürliche Streuung, die drei bestimmten Faktoren anhaftet, für welche Russell rein mathematisch abgeleitete Mittelwerte einführt. Dadurch allein bekommen die Moduli schon einen m. F. von $\pm$ 0ᵐ8.

4. Wesentlich genauer ist das Verfahren von Jackson und Furner; m. F. der Moduli $\pm$ 0ᵐ6. Es zieht die Beobachtungen stärker als das von Russell heran und arbeitet nur mit einem theoretisch statistischen Mittelwert, der prinzipiell eine Unsicherheit von $\pm$ 0ᵐ4 der Moduli veranlaßt.

5. Es werden Vorschläge zur Verbesserung der Verfahren gemacht, dynamische Parallaxen aus Teilbögen abzuleiten. Sie beziehen sich einmal auf die volle Auswertung des Beobachtungsmaterials. Sodann wird unter Benutzung des Energieintegrals der statistische Ansatz von Jackson und Furner durch die Grenzen dynamisch möglicher Bahnen ersetzt. Dadurch wird eine sehr starke Einengung der Streuung erreicht. Es werden sich nun zahlreiche dynamische Parallaxen berechnen lassen, die auch bei Teilbahnbögen den eingangs gestellten Forderungen genügen. In vielen Fällen werden sich ferner provisorische Bahnelemente nach früher entwickelten Methoden errechnen lassen.

6. Am Beispiel von δ Geminorum wird das unter 5. vorgeschlagene Verfahren erläutert. Eine anschließende Fehlerdiskussion ergab als m. F. des Entfernungsmoduls $\pm$ 0ᵐ34, verursacht durch die Unsicherheiten der Positionsmessungen (von 1797 bis 1959, Änderung des Positionswinkels 24°, der Distanz von etwa 7″ auf 6″). Mit Einschluß der astrophysikalischen Unsicherheiten erhöht sich der m. F. auf $\pm$ 0ᵐ38. Bei einer vollständigen Bahnbestimmung auf Grund des reichen vorliegenden Gesamtmaterials hat der Entfernungsmodul von δ Geminorum nur $\pm$ 0ᵐ18 m. F.

7. ADS 8128 ist ein Beispiel dafür, wie erst die Beobachtungen der letzten dreißig Jahre eine gute dynamische Parallaxe und eine Bahnbestimmung möglich gemacht haben. Ähnliches gilt von ADS 2756 und ADS 5197. ADS 14573 ist ein relativ enges Paar (1″4) mit rund 3000 Jahren Periode; auch hier ist eine Berechnung aller Systemkonstanten möglich.

Bei 83 Leonis, mit 29″ Distanz, erlauben die Beobachtungen zwar, eine brauchbare Parallaxe und die astrophysikalischen Konstanten zu berechnen, dagegen sind Große Achse der Bahn und Periode nur größenordnungsmäßig gesichert (1400 AE und 32000 Jahre).. Er ist ein Übergang zu den ganz weiten Systemen mit Perioden von 10^6 Jahren, die sich nur durch gemeinsame Eigenbewegungen verraten.

Die wichtigsten Systemkonstanten sind in der nachstehenden Übersicht zusammengestellt.

ADS	2756	5197	5983 (δ Gem)	8128	8162 (83 Leo)	14533
π	0″0488	0″0170	0″0434	0″0344	0″0299	0″0121
$\mathfrak{M}_A$	0,7	1,3	2,0	1,0	1,3	1,6
$\mathfrak{M}_B$	0,3	1,2	0,7	0,8	1,1	1,5
a (A E)	56	240	159	133	1360	315
P	425	2360	1200	1150	32000	3055
M_A	+6,3	+3,8	+1,7	+4,6	+3,5	+2,6
M_B	+10,0	+4,1	+6,2	+5,6	+4,4	+3,0
FI_A	(+1,2)	+0,69	+0,66	+0,52	+0,45	+0,53
FI_B	(+1,8)	+0,68	+1,50	+0,51	+0,82	+0,73
Kl.	V; V	IV; IV−V	III; IV−V	V; V	VI; VI	IV; IV

In meiner 1955 gegebenen Doppelstern-Statistik von 340 Systemen mit bekannter Bahn gab es nur 32 mit solcher über 450ᵃ Periode. Es wurden hier einzeln seitdem bearbeitet Antares [32], G R 34 [33] und BD + 19°5116 [34], so daß mit obigen sechs sich die Zahl bekannter langperiodischer Bahnen auf 41 erhöht.

I. Einleitung

Um die Lage eines Sternes in einem Hertzsprung-Russell-Diagramm (HRD) oder einem Farbenhelligkeitsdiagramm (FHD) sicher eintragen zu können, bedarf es einmal einer guten Spektralklassifikation (auf 0,1 bis 0,2 Klassen genau) oder eines brauchbaren Farbenindex (FI) mit einem mittleren Fehler von 0ᵐ1 und besser. Doch seien im Rahmen dieser Untersuchung diese Angaben als vorhanden gewährleistet. Ebenso seien die scheinbaren Helligkeiten der Komponenten mit derselben Genauigkeit bekannt.

Ganz wesentlich schwieriger ist aber die Bestimmung des Entfernungsmoduls $(m - M)$ bzw. der Parallaxe. Aus den Tabellen in P a - r e n a g o s [1] Arbeit entnehmen wir folgende Werte für M und den Spektraltyp bei Sternen der Leuchtkraftklasse V (Hauptreihe), IV (Unterriesen) und III (normale Riesen).

Tabelle 1

Sp	V	IV	III
A 0	$+0^{\mathrm{M}}7$	$+0^{\mathrm{M}}1$	$-0^{\mathrm{M}}4$
A 5	$+2,0$	$+1,4$	$+0,9$
F 0	$+2,8$	$+2,3$	$+1,7$
F 5	$+3,7$	$+2,9$ bis $+2,3$	$+2,1$
G 0	$+4,6$	$+3,7$ „ $+2,9$	—
G 5	$+5,2$	$+4,3$ „ $+3,0$	$+2,3$
K 0	$+5,9$	$+5,0$ „ $+2,5$	$+1,3$
K 5	$+7,3$	— —	$+0,1$
M 0	$+8,5$	— —	$-0,3$

Die Klasse IV hat ab Fo den angegebenen breiten Streubereich. Noch mehr streuen die M bei den roten Riesen. Von A o bis F 5 werden nur sehr gute $(m - M)$ zwischen den Klassen V, IV und III zu unterscheiden gestatten. Alles in allem wird man einen m. F. von höchstens $0^{\mathrm{m}}5$ bei den $(m - M)$ zulassen. Dies entspricht $\pm 26\%$ der Parallaxe bzw. Entfernung. Für genauere Untersuchungen müßte der Entfernungsmodul $(m - M)$ auf $\pm 0^{\mathrm{m}}2$ bzw. die Parallaxe auf $\pm 11\%$ gesichert sein.

Was liefern heute die trigonometrischen Verfahren? In der Ausgabe von 1952 des Yale-Kataloges [2] sind bei jedem Stern die wahrscheinlichen Fehler des gewichteten Mittels angegeben. Bei den ersten 100 Sternen (bis Nr. 850) mit Parallaxen zwischen $0{,}^{\prime\prime}035$ und $0{,}^{\prime\prime}045$ wird der Durchschnitt der angegebenen wahrscheinlichen Fehler $\pm 0{,}^{\prime\prime}0097$, also der durchschnittliche mittlere Fehler $\pm 0{,}^{\prime\prime}0143$. Für 50 Sterne (bis ca. 8^{h}) mit Parallaxen über $0{,}^{\prime\prime}100$ erhält man entsprechend $\pm 0{,}^{\prime\prime}0107$ für den mittleren Fehler. E. Hertzsprung [3] hat aus der Häufigkeit der negativen Parallaxenangabe auf $\pm 0{,}^{\prime\prime}016$ geschlossen. Der erste Wert scheint also durchaus repräsentativ zu sein. Vergleiche hiezu auch die Ausführungen von S t r a n d [4]. Im Sinne obiger Forderungen scheiden damit alle Sterne aus mit trigonometrischen Parallaxen unter 0.055 bzw. unter 0.090. Von den 5822 Sternen des Yale-Kataloges sind also für Studien des HRD nur 210 bzw. allenfalls 625 brauchbar.

Damit kommen wir zu den indirekten Parallaxenmethoden. Bei der nur mäßig straffen Koppelung zwischen Spektrum oder Farbenindex einerseits und M anderseits können rein photometrisch-kolorimetrische Parallaxen nur grobe Näherungen bilden. (Näheres siehe unten.)

Viel besser sind schon die spektroskopischen Parallaxen älterer Art (Adams und Kohlschütter und Nachfolger). Für sie konnte z. B. O. Franz ([5], S. 65) mittlere Fehler von $\pm$ 0.60 ermitteln. Genauer sind die modernen, nach Keenan und Morgan, doch scheint die Zahl der so klassifizierten Sterne noch nicht zu einem vergleichenden Urteil ausreichend zu sein.

Sodann haben wir die verschiedenen Verfahren, dynamische Parallaxen von visuellen Doppelsternen (dpl) abzuleiten. Sie wurden bisher auf rund 2500 Sterne angewendet. Beim Überblick der Literatur hat man etwas den Eindruck, daß vielfach die so erreichbare Genauigkeit unterschätzt wird, aber auch Überschätzungen kommen vor. Es liegt heute genug Material vor, um zu einem einigermaßen objektiven Urteil zu kommen, was das Ziel dieser Arbeit ist. Dabei muß grundsätzlich unterschieden werden zwischen Paaren mit guten und oft nur sehr provisorischen Bahnelementen einerseits (dynamische Parallaxen erster Art) und solchen, für die nur mehr oder weniger ausgedehnte Bahnbögen beobachtet worden sind, die noch keine Bahnbestimmung erlauben. (Dynamische Parallaxen zweiter Art.)

II. Die Genauigkeit dynamischer Parallaxen erster Art (Bahnelemente bekannt)

Ausgangspunkt für ihre Berechnung ist das 3. Keplersche Gesetz, das wir in der folgenden Form schreiben:

$$\pi'' = a'' \cdot P^{-\frac{2}{3}} (\mathfrak{M}_A + \mathfrak{M}_B)^{-\frac{1}{3}}. \tag{1}$$

Wir betrachten zunächst die Genauigkeit, mit der $a''\,.\,P^{-\frac{2}{3}}$ erhalten werden kann. Wie jedem Berechner einer Doppelsternbahn bekannt ist, können sich aus nahezu dem gleichen Beobachtungsmaterial oft grundverschiedene Elementensysteme ergeben. Dabei ändert sich aber $a''\,.\,P^{-\frac{2}{3}}$ nur wenig. In den Tabellen 2, 3 und 4 sind dafür extreme Beispiele angegeben.

Tabelle 2. ADS 11632

Berechner	a''	P	$\mathfrak{M}_A + \mathfrak{M}_B$
Rabe	10,7	313	0,57
Vieth-Knudsen	$-$ 16,5	∞	0,70
Hopmann	44,4	2547	0,62
Güntzel-Lingner	13,1	352	0,84

Bei ADS 11632 haben die Berechner zwar das gleiche Beobachtungsmaterial gehabt, aber verschiedene Methoden der Bahnbestimmung benutzt und insbesonders den älteren Messungen verschiedenes Gewicht gegeben. Vieth-Knudsen erhielt eine von einer Parabel nur schwach abweichende Hyperbel. Trotzdem sind die mit derselben und guten trigonometrischen Parallaxe $0{,}280$ berechneten Massen fast gleich. (Näheres siehe [6].)

Diese Dinge werden verständlich, wenn der Flächensatz herangezogen wird. Für die scheinbare und wahre Bahn gilt:

$$a''^2\,.\,P^{-1}\,.\,(1-e^2)^{-\frac{1}{2}}\,.\,\cos i = \rho^2\,.\,\Delta\vartheta \qquad (2)$$

wo $\Delta\vartheta$ die Änderung des Positionswinkels in der Zeiteinheit ist. Bei langperiodischen Systemen, wie denen der Tabellen 2 und 3, wird jeder Berechner praktisch die gleiche scheinbare Flächenkonstante, die rechte Seite von (2) zu Grunde legen müssen, vor allem aus dem Material um die Mitte des beobachteten Bahnbogens. $(1-e^2)^{-\frac{1}{2}}\,.\,\cos i$ liegt zwischen 0 und $+$ 1, am wahrscheinlichsten nahe 0,5, so daß starke Änderungen in a''^2 und P sich kompensieren müssen und damit auch in weitem Umfange $a''^{\frac{2}{3}}$ und P^2. Bei logarithmischer Differentiation von (1) und (2) erhält man:

$$\frac{d\pi''}{\pi''} = \frac{da''}{a''} - \frac{2}{3}\,.\,\frac{dP}{P} \quad (3) \quad \text{und} \quad \frac{2\,d\rho}{\rho} + \frac{d\Delta\vartheta}{\Delta\vartheta} = \frac{2\,da''}{a''} - \frac{dP}{P}\,. \quad (4)$$

Nun ist bekanntlich $\dfrac{d\rho}{\rho} = \dfrac{da''}{a''}$, dann wird $\dfrac{d\,\Delta\vartheta}{\Delta\vartheta} = -\dfrac{dP}{P}$. In (3) eingesetzt wird

$$\frac{d\,\pi''}{\pi''} = \frac{d\,\rho}{\rho} + \frac{2}{3}\cdot\frac{d\Delta\vartheta}{\Delta\vartheta},\tag{5}$$

d. h. die dynamische Parallaxe wird um so besser, je genauer ρ und $\Delta\vartheta$ oder die Flächenkonstante ermittelt sind, an sich ein triviales Ergebnis. Dennoch sei bemerkt: bei sehr engen Bahnen ($\rho < 1{,}''0$) wird $\Delta\vartheta$ meist sicherer sein als ρ. Hier können vor allem systematische Meßfehler der Distanzen die Parallaxen proportional verfälschen. Bei weiten Paaren ist ρ relativ sicher, nicht dagegen $\Delta\vartheta$, besonders auch bei großer Bahnneigung.

In den Tabellen 3 und 4 ist unter „Jahr" die Zeit zu verstehen, bis zu der das dem Rechner zur Verfügung stehende Beobachtungsmaterial reichte. Die Tabelle 3 wurde mit einigen Ergänzungen einer Arbeit von Fantoli [7] entnommen. Wieder sind a'' und P außerordentlich verschieden, die Werte der letzten Spalte, insbesondere die der fünf neueren Bahnbestimmungen, stimmen aber viel besser überein als trigonometrische Parallaxen gleicher Größenordnung.

Tabelle 3. μ Draconis

Berechner	Jahr	a''	P	π
Berberich	1884	3,38	648	0,''045
Burnham I	1897	9,16	1190	38
Burnham II	1897	5,88	280	64
Komendantoff	1935	11,82	4036	46
Komendantoff	1935	5,50	1386	44
v. Bezold	1937	6,92	1544	52
Hopmann	1937	7,99	1922	52
Fantoli	1957	5,21	1089	49

Tabelle 4. ADS 940

Berechner	Jahr	a''	P	π
Voronov	1937	1,82	3554	$0{,}''81\cdot10^{-2}$
Hopmann	1939	0,49	435	$0{,}86\cdot10^{-2}$
Rabe I	1948	0,42	166	$1{,}36\cdot10^{-2}$
Rabe II	1955	0,44	186	$1{,}35\cdot10^{-2}$
Vidal	1956	05,1	354	$1{,}17\cdot10^{-2}$
Baize	1958	0,45	372	$0{,}86\cdot10^{-2}$

Die Tabelle 4, mit einigen Ergänzungen einer Arbeit von Baize [8] entnommen, zeigt ein ähnliches, etwas weniger günstiges Bild. Der Durchschnitt aller sechs Werte für π^3 ($\mathfrak{M}_A + \mathfrak{M}_B$) liegt weit jenseits der Grenzen brauchbarer trigonometrischer Parallaxen. Die Einzelwerte weichen im Durchschnitt um $\pm$ 18% vom Mittel ab, entsprechend $\pm$ 0ͫ36 im Entfernungsmodul, also nach obigen Gesichtspunkten (S. 38) durchaus genügend wenig.

In einer anderen Arbeit von Baize [9] mit 15 neu berechneten Bahnen finden sich 8, für die auch je 2 frühere Werte für a'' und P mitgeteilt werden. (P beträgt im Durchschnitt 300 Jahre.) In einem ganz analogen Vergleich findet man hieraus als mittleren Fehler des Entfernungsmoduls $\pm$ 0ͫ37.

Schließlich hat O. Franz [5] im ersten Anhang seiner umfangreichen Bestimmungen strahlungsenergetischer Parallaxen bei 30 Paaren, für die während der Drucklegung von älteren Bestimmungen stark abweichende Bahnelemente veröffentlicht waren, neue Werte für π, M, . . . errechnet. Ein Vergleich der alten und neuen Werte M ergab als mittleren Fehler eines M bzw. eines Entfernungsmoduls $\pm$ 0ͫ31.

In allen diesen Vergleichen sind zumindest die älteren Elementensysteme als unsicher zu bezeichnen. Im Durchschnitt kann dann der von den Unsicherheiten in der Bahn herrührende mittlere Fehler eines Entfernungsmoduls zu $\pm$ 0ͫ30 angesetzt werden. Bei gut bekannten Systemen wird man durchaus weniger zu erwarten haben.

Dies kann auch aus folgender Untersuchung abgeleitet werden. In der angeführten Arbeit hat Franz neben der neugerechneten strahlungsenergetischen Parallaxe π_s so weit vorhanden auch die älteren dynamischen Parallaxen π_d von Russell und Moore angeführt, allerdings ohne dabei zu unterscheiden, ob es sich um dynamische Parallaxen erster Art auf Grund von Bahnbestimmungen handelt (Tabelle 52 in [10]) oder solche zweiter Art auf Grund von Teilbögen (Tabelle 53). Für die 140 Sterne erster Art wurden die $\log \dfrac{\pi_s}{\pi_d}$ berechnet, was dann zu Tabelle 5 führte, einer Übersicht über das Vorkommen der einzelnen $\log \dfrac{\pi_s}{\pi_d}$. Hieraus leitet sich als Mittelwert ab $\overline{\log \dfrac{\pi_s}{\pi_d}} = 0{,}023 \pm 0{,}005$

oder $\overline{\dfrac{\pi_s}{\pi_d}} = 1{,}055 \pm 0{,}005$ oder $M_s - M_d = +\ 0ͫ110 \pm 0ͫ025$.

Tabelle 5

$\log \dfrac{\pi_s}{\pi_d}$	$\dfrac{\overline{\pi_s}}{\pi_d}$	Z	$\log \dfrac{\pi_s}{\pi_d}$	$\dfrac{\overline{\pi_s}}{\pi_d}$	Z
— 0,20 bis — 0,18	0,65	1	+ 0,02 bis + 0,04	1,07	45
— 0,18 ,, — 0,16	0,68	0	+ 0,04 ,, + 0,06	1,12	12
— 0,16 ,, — 0,14	0,71	1	+ 0,06 ,, + 0,08	1,17	15
— 0,14 ,, — 0,12	0,74	1	+ 0,08 ,, + 0,10	1,23	7
— 0,12 ,, — 0,10	0,78	1	+ 0,10 ,, + 0,12	1,29	5
— 0,10 ,, — 0,08	0,81	2	+ 0,12 ,, + 0,14	1,35	2
— 0,08 ,, — 0,06	0,85	3	+ 0,14 ,, + 0,16	1,41	0
— 0,06 ,, — 0,04	0,89	3	+ 0,16 ,, + 0,18	1,48	0
— 0,04 ,, — 0,02	0,93	7	+ 0,18 ,, + 0,20	1,55	2
— 0,02 ,, 0,00	0,98	10	+ 0,20 ,, + 0,22	1,62	0
0,00 ,, + 0,02	1,02	42	+ 0,22 ,, + 0,24	1,70	1

Die Parallaxen von Franz sind also im Durchschnitt 5% größer als die von Russell und Moore, die absoluten Helligkeiten um $0^m{,}11$ schwächer, also keine erheblichen Unterschiede. Der Grund dafür sind wohl geringfügige Unterschiede in den Kalibrierungskurven, die beide Verfahren benötigen, wobei Russell und Moore um 1925—35 noch nicht so viele gute trigonometrische Parallaxen von Doppelsternen mit zugleich guten Bahnen zur Verfügung standen, wie 1955 Franz.

Aus Tabelle 5 ergibt sich ferner als Streuung der $\log \dfrac{\pi_s}{\pi_d} \pm 0{,}0588$, was $\pm 0^m{,}294$ im Entfernungsmodul oder 15% der Parallaxe entspricht. Nun beruhen die π_s ganz überwiegend auf neuen Bahnelementen, auch konnte die Eichkurve genauer festgelegt werden als bei den π_d. Man kann also den π_s ein höheres Gewicht zusprechen, ob im Verhältnis 2:1, 3:1 oder 4:1 bleibt offen. Dann werden die mittleren Fehler der Entfernungsmoduli für $\pi_s \pm 0^m{,}170$ bzw. $\pm 0^m{,}147$ oder $\pm 0^m{,}131$, die der $\pi_d \pm 0^m{,}240$ bzw. $\pm 0^m{,}254$ oder $\pm 0^m{,}266$.

Die Häufigkeitsverteilung der Tabelle 5 entspricht nicht gut dem normalen Fehlergesetz. Einerseits liegen 87 von 140 Fällen im engen Bereich von 0,000 bis + 0,040, während 2 negative und 2 positive Fälle als „Ausreißer" die Streuung hochtreiben. Beschränkt man sich auf den Bereich von — 0,14 bis + 0,14 in den $\log \dfrac{\pi_s}{\pi_d}$, so kommt man einer Normalverteilung erheblich näher. Am Durchschnitt der $\log \dfrac{\pi_s}{\pi_d}$

usw. ändert sich praktisch gar nichts, für die Streuung der Moduli ergibt sich $\pm$ 0$^\mathrm{m}$228 und mit der Gewichtsannahme 3 : 1 wird dann der mittlere Fehler eines Moduls der $\pi_s = \pm$ 0$^\mathrm{m}$114 und eines $\pi_d = \pm$ 0$^\mathrm{m}$197 in wesentlicher Übereinstimmung mit der Untersuchung von Franz ([5], S. 180).

Die bisherige Untersuchung bezog sich nur auf den Einfluß der Unsicherheiten der Bahnelemente a'' und P auf die dynamischen Parallaxen. Sie wurde so geführt, daß $\mathfrak{M}_A + \mathfrak{M}_B$ und ihre Unsicherheit keine Rolle spielten. Wie steht es nun damit?

Gegenüber der Lage vor 2—4 Jahrzehnten kann man heute mit recht hoher Wahrscheinlichkeit wenigstens für Hauptreihensterne aus dem Spektraltyp bzw. einem Farbäquivalent einen Schluß auf die Masse ziehen. Ein dabei begangener Fehler geht aber nur mit der 3. Wurzel in die Bestimmung von π'' ein. So sei etwa für ein enges Paar mit gleich hellen Komponenten im Draper-Katalog der Spektraltyp G0 angegeben. Man setzt also beide Massen gleich 1,0 an. Die Gesamtmasse sei in Wahrheit aber nicht 2,0, sondern 1,5 + 1,5, was bei G Sternen zwar auch vorkommt, eher aber für den Spektraltyp F0 spricht. Die Parallaxe ändert sich dann nur um 14%, der Entfernungsmodul um 0$^\mathrm{m}$29, beides noch im Rahmen der eingangs geforderten Grenzen.

Bereits vor 15 Jahren hatte ich zeigen können [11], welch geringen Einfluß die Unsicherheiten der astrophysikalischen Daten, d. h. die der scheinbaren Helligkeiten der Komponenten m_A und m_B und ihrer Spektren bzw. Farbäquivalente auf die Parallaxen und Massen beim strahlungsenergetischen Verfahren haben. Es seien diese Dinge an einem konstruierten Normalfall noch einmal und erweitert besprochen. Zugrunde gelegt sei für alle 10 nachstehenden Versuche $a'' = 2''000$, $P = 400$ Jahre, also ein durchaus öfter vorkommender Fall.

In einer ersten Annahme (Tabelle 6) sollen die scheinbaren visuellen Helligkeiten der Komponenten 5$^\mathrm{m}$00 und 6$^\mathrm{m}$50 sein, ihre $\dfrac{c_2}{T}$ 1,50 und 2,50, was im (B—V) System Johnsons dem F1 + 0$^\mathrm{m}$11 bzw. + 0$^\mathrm{m}$68 entspricht oder auch den ungefähren Spektralangaben A 2 und G 2. In üblicher Weise erhält man dann [11, 5] die strahlungsenergetische Parallaxe 0$''$0255 oder den Entfernungsmodul $(m - M) = +$ 2$^\mathrm{m}$97, die Massen $\mathfrak{M}_A = 1{,}96$ und $\mathfrak{M}_B = 1{,}34$ sowie $M_A = +\ 2^{\mathrm{m}}03$ und $M_B = +\ 3^{\mathrm{m}}53$. Trägt man diese Angaben in ein FHD etwa in der Art der Figur 3 meiner früheren Arbeit [12] ein, so sieht man, daß die Komponenten den Leuchtkraftklassen V und IV nach Parenago [1] zuzurechnen sind. Wieder in bekannter Art erhält man leicht die weiteren Systemkonstanten, d. h. die Radien, Schwerebeschleunigung an der Oberfläche und mittlere Dichte beider Komponenten in Einheiten der Sonne (Spalte 18—23 in Tabelle 6).

In einer zweiten Annahme wurden die Farbäquivalente beibehalten, beide Helligkeiten aber um $0^{\mathrm{m}}5$ schwächer angesetzt, d. h. ganz erheblich mehr als die Unsicherheit photometrischer Angaben, etwa in den Verzeichnissen von Wallenquist [13] oder Hopmann [14]. Die 2. Zeile der Tabelle 6 zeigt dann, daß sich in π und $(m - M)$ nur ganz wenig ändert, ebenfalls nicht viel an den Massen. Die angenommenen Änderungen der scheinbaren Helligkeiten werfen sich zur Gänze auf die M und damit auch auf die Radien, Schwerebeschleunigungen usw.

In der 3. und 4. Zeile von Tabelle 6 haben wir 2 andere Ansätze für m_A und m_B bei gleichen Annahmen für $\dfrac{c_2}{T}$. Wieder ändert sich in π und $(m - M)$ praktisch gar nichts, wohl natürlich mehr oder weniger viel in den weiteren Spalten. In der 5. und 6. Zeile sind für m_A und m_B die Ausgangswerte eingesetzt worden, jetzt aber die $\dfrac{c_2}{T}$ bzw. die FI um Beträge geändert worden, die gleichfalls wesentlich stärker sind als die mittleren Fehler der Farbäquivalente bei der Wiener Doppelsternkolorimetrie [12]. Wiederum macht dies so gut wie nichts aus auf π und $(m - M)$. Dies gilt auch für den 7. und 8. Ansatz, bei denen sowohl die Helligkeiten wie die Farben in bisherigem Umfang gleichzeitig variiert wurden.

Insgesamt liegen die π zwischen $0{,}^{\prime\prime}0253$ und $0{,}^{\prime\prime}0245$, entsprechend 4%, die $(m - M)$ zwischen $+\ 2^{\mathrm{m}}97$ und $+\ 3^{\mathrm{m}}05$, entsprechend 2%, die $(\mathfrak{M}_A + \mathfrak{M}_B)$ zwischen $3{,}36$ und $2{,}95$, entsprechend $7{,}7\%$.

Diese %-Beträge liegen um eine Größenordnung unterhalb der eingangs gestellten Forderung, aber auch weit unterhalb der Unsicherheit der Parallaxen, soweit sie von der Unsicherheit der Bahnelemente herrühren.

J. Hopmann

Tabelle 6

Nr.	m_A	m_B	$\dfrac{c_2}{T_A}$	$\dfrac{c_2}{T_B}$	$(B-V)_A$	$(B-V)_B$	Sp_A	Sp_B	π''	$m-M$	$\mathfrak{M}_A$
1	2	3	4	5	6	7	8	9	10	11	12
1	5,00	6,50	1,50	2,50	$+\,0^{\mathrm{m}}\!11$	$+\,0^{\mathrm{m}}\!68$	A 2	G 2	$0''\!,0255$	$+\,2^{\mathrm{m}}\!97$	1,96
2	5,50	7,00	1,50	2,50	$+\,0,11$	$+\,0,68$	A 2	G 2	247	$+\,3,03$	1,77
3	5,00	7,00	1,50	2,50	$+\,0,11$	$+\,0,68$	A 2	G 2	251	$+\,3,00$	1,98
4	5,50	6,50	1,50	2,50	$+\,0,11$	$+\,0,68$	A 2	G 2	249	$+\,3,02$	1,76
5	5,00	6,50	1,00	2,00	$-\,0,14$	$+\,0,39$	B 4	F 2	252	$+\,2,99$	2,02
6	5,00	6,50	2,00	3,00	$+\,0,39$	$+\,0,99$	F 2	K 4	254	$+\,2,98$	1,87
7	6,00	6,00	2,50	2,50	$+\,0,68$	$+\,0,68$	G 2	G 2	248	$+\,3,03$	1,53
8	5,00	8,50	1,00	3,00	$-\,0,14$	$+\,0,99$	B 4	K 4	245	$+\,3,05$	2,03
9	3,00	5,00	4,00	1,00	$+\,1,60$	$-\,0,14$	M o	B 2	308	$+\,2,55$	3,85
10	13,00	13,00	4,00	1,00	$+\,1,60$	$-\,0,14$	M o	B 2	168	$+\,3,86$	0,50

Interesseshalber wurden in den Zeilen 9 und 10 die Helligkeiten und Farben sehr stark geändert. Im Ansatz 9 erhält man einen normalen roten Riesen mit einem B 4-Stern geringer Leuchtkraft, d. h. einen durchaus in Wirklichkeit vorkommenden Fall. Im Ansatz 10 erhält man gleichfalls ein System bekannter Art, d. h. einen M-Zwerg gekoppelt mit einem weißen Zwerg. Bei so starken Variationen ändern sich natürlich, aber nicht einmal allzu sehr, die Parallaxen und Entfernungsmoduli, stark natürlich die übrigen Systemkonstanten.

Es sei noch auf einen weiteren Einwand gegen das strahlungsenergetische Verfahren eingegangen, der natürlich auch entsprechend für das von Russell gilt. Es setzt nämlich die empirisch abgeleitete $(\mathfrak{M}, M)$-Beziehung als für alle Sterne gültig voraus, die errechneten π_s und π_d hätten nur „statistischen Charakter". Der Einwand ist berechtigt, es fragt sich nur wie weit.

In der Arbeit von Franz ist die Ableitung der Grundfunktion $\log k\sqrt{\varepsilon}$ ($k =$ Massenabsorptionskoeffizient, $\varepsilon =$ Energieerzeugung im Sterninneren) auf Grund ausgewählt gesicherten Materials ausführlich beschrieben. Anschließend erhält er ([5], S. 72) ein $(\mathfrak{M}, M)$-Diagramm, das sich gegenüber ähnlichen anderen, besonders wenn sie auf trigonometrischen Parallaxen beruhen, durch die relativ geringe Streuung auszeichnet. Meines Erachtens schreibt Franz dies in längeren Ausfüh-

$\mathfrak{M}_B$	M_A	M_B	Kl		R_A	R_B	g_A	g_B	δ_A	δ_B
			A	B						
13	14	15	16	17	18	19	20	21	22	23
1,34	+ 2,03	+ 3,53	V	IV	1,46	2,11	0,92	0,30	0,63	0,14
1,22	+ 2,47	+ 3,97	V	IV	1,20	1,59	1,22	0,48	1,02	0,30
1,21	+ 2,00	+ 4,00	V	IV	1,49	1,55	0,89	0,50	0,60	0,33
1,35	+ 2,48	+ 3,48	V	IV	1,19	1,97	1,24	0,35	1,04	0,18
1,34	+ 2,01	+ 3,51	VI	V	0,84	1,20	2,85	0,93	3,42	0,77
1,42	+ 2,03	+ 3,52	IV	IV	2,39	3,09	0,33	0,14	0,14	0,048
1,53	+ 2,97	+ 2,97	IV	IV	2,49	2,49	0,25	0,25	0,10	0,10
0,92	+ 1,95	+ 5,45	VI	IV	0,86	1,27	2,72	0,57	3,15	0,45
1,96	+ 0,45	+ 2,45	VI	VI	32,80	0,69	$3{,}56.10^{-3}$	4,10	$1{,}08.10^{-4}$	5,95
04,6	+ 9,14	+ 9,14	V	VII	0,60	0,020	1,39	$1{,}16.10^{+3}$	2,31	$5{,}80.10^{+4}$

rungen mit Recht dem besseren Beobachtungsmaterial zu, vor allem bezüglich der $\dfrac{a''^3}{P^2}$. Es sieht ganz so aus, als ob die empirische Beziehung um so eindeutiger im Laufe der Zeit wird, je besser die Unterlagen dafür werden.

Was Franz auch in anderer Art ausführt, läßt sich wie folgt nachweisen, daß nämlich die individuellen Abweichungen von der für das strahlungsenergetische Verfahren fundamentalen $(\mathfrak{M}, k\sqrt{\varepsilon})$-Beziehung so gering sind, daß sie in der Praxis keine Rolle spielen, oder mit anderen Worten: die statistische Streuung ist zwar vorhanden, wirkt sich aber weniger stark aus als die an sich schon sehr kleinen Einflüsse der Unsicherheiten der $\dfrac{a''^3}{P^2}$.

Franz gibt nämlich auf S. 45, [5], die log $\mathfrak{M}_{tr}$ für 28 Sterne mit wirklich guten Beobachtungsunterlagen, insbesondere nur solchen mit $\pi_{tr} > 0{,}''070$ (siehe oben S. 39). Fortgelassen ist bei der nachstehenden Untersuchung ADS 3093 B, eine Komponente des dreifachen Systems o$_2$ Eri, ein bekannter weißer Zwerg. Daß bei einem solchen $k\sqrt{\varepsilon}$ aus dem normalen Verlauf heraus fällt, ist zu erwarten. Die strahlungsenergetische Parallaxe $0{,}''180$ stimmt trotzdem sehr gut mit der trigonometrischen $0{,}''200 \pm 0{,}''006$. Also auch in diesem Extremfall bewährte sich das strahlungsenergetische Verfahren ähnlich wie bei BD $+ 19{,}°5116,$

einem extrem schwachen, roten Zwergpaar und Antares, einem roten Überriesen, verbunden mit einem B-Stern [34, 32].

Für jeden der 28 Sterne sind die trigonometrischen Parallaxen und deren wahrscheinliche Fehler nach dem letzten Yale-Katalog [2] angegeben. Das geometrische Mittel, hier besser als das durchschnittliche, aller Parallaxen beträgt $0,186$, der durchschnittliche mittlere Fehler $\pm 0,0085$, d. h. $4,5\%$ der Parallaxe oder eine Unsicherheit der Entfernungsmoduli von $\pm 0^m,036$.

Zu diesen Eichsternen gehören auch ein Riese (Capella) und zwei Unterriesen (ζ und μ Her). Die strahlungsenergetischen Parallaxen sind $0,066$, $0,097$ und $0,120$ in sehr guter Übereinstimmung mit den trigonometrischen Werten $0,072$, $0,100$ und $0,108$. Es sieht fast so aus, als ob mit dem gleichen Ansatz nicht nur bei Hauptreihensternen sondern auch weitgehend bei anderen Arten das strahlungsenergetische Verfahren gut brauchbar ist.

Im Hauptkatalog von Franz stehen nun die Werte $\mathfrak{M}_s$, die Ergebnisse des strahlungsenergetischen Ansatzes. Sie gehen von $3,4$ bis $0,22$ Sonnenmassen, von Capella und Sirius bis zu M 6-Zwergen. Nach Berechnung von $\log \dfrac{\pi_{tr}}{\pi_s}$ ergab sich als Durchschnitt hierfür $-0,005 \pm 0,022$. D. h. aber nur, daß beide Arten von Massenwerten systematisch identisch sind, was lediglich eine Kontrolle der Rechnungen von Franz darstellt. Wichtiger ist die Streuung. Sie beträgt $\mathrm{str}\left(\log \dfrac{\pi_{tr}}{\pi_s}\right) = \pm 0,113$, d. h. $\pm 30\%$ der Massen, wovon 15% von den Unsicherheiten der π_{tr} (bestes Material!) herrühren. Dann bleiben noch 26%, um die die individuellen Massen von der strahlungsenergetischen Norm abweichen können.

Da aber die Massen bei der Parallaxenrechnung nur mit der dritten Wurzel eingehen, wird schließlich die durch diese Normabweichung bedingte Unsicherheit der Moduli nur $\pm 0^m,15$, völlig belanglos für die eingangs gestellte Forderung. Damit ist der oben gemachte Einwand zwar als berechtigt, aber doch unerheblich nachgewiesen.

Gegenwärtig liegen bei vielen visuellen Doppelsternen zwar schon recht brauchbare Bahnelemente vor, dagegen noch nicht Wertepaare für die scheinbaren Helligkeiten und Farben der Komponenten. Auch dann lassen sich gute strahlungsenergetische Parallaxen ableiten, wenn wenigstens grobe Angaben zur Verfügung stehen und zwar etwa wie folgt:

Gegeben sei a'' und P, für die hellere Komponente der Spektraltyp oder ein anderes Farbäquivalent und m_A, ferner der Helligkeitsunterschied der Komponenten Δ_m. Man darf dann zwar nicht von Δ_m auf den Farbunterschied der Komponenten $\Delta\dfrac{c_2}{T}$ schließen, wie es oft geschieht. Dafür ist die Korrelation zwischen beiden Größen doch zu schwach, wie in einer früheren Arbeit gezeigt wurde [12]. Wohl kann man die sehr enge Beziehung zwischen der Masse und der Leuchtkraft eines Sternes benutzen (siehe Figur 6 in [5], S. 72), um aus Δ_m auf $\dfrac{\mathfrak{M}_B}{\mathfrak{M}_A}$ zu schließen. Aus 347 Paaren der Arbeit von Franz ergab sich als linearer Korrelationskoeffizient zwischen Δ_m und $\log\dfrac{\mathfrak{M}_B}{\mathfrak{M}_A}$ der recht hohe Betrag von $+0{,}827 \pm 0{,}017$ bzw. $\log\dfrac{\mathfrak{M}_B}{\mathfrak{M}_A} = \dfrac{1}{9}\Delta_m.$

Tabelle 7

Δm	$\log\left(1+\dfrac{\mathfrak{M}_B}{\mathfrak{M}_A}\right)$	Δm	$\log\left(1+\dfrac{\mathfrak{M}_B}{\mathfrak{M}_A}\right)$
0,00	0,301	3,00	0,166
0,50	0,274	3,50	0,149
1,00	0,249	4,00	0,133
1,50	0,226	4,50	0,119
2,00	0,204	5,00	0,106
2,50	0,184	5,50	0,095

Damit konnte die Tabelle 7 leicht aufgestellt werden. Die Berechnung der strahlungsenergetischen Parallaxen und Massen geht dann wie folgt vor sich: Das 3. Keplersche Gesetz lautet in diesem Fall

$$3 \log \pi = 3 \log a'' - 2 \log P - \log \mathfrak{M}_A - \log\left(1+\frac{\mathfrak{M}_B}{\mathfrak{M}_A}\right) \qquad (6)$$

mit den Unbekannten π und $\mathfrak{M}_A$. Als 2. Gleichung für diese hat man aus den astrophysikalischen Daten

$$\log \pi = 0{,}2\,(m_A + \Delta m_A) + C\,(T_A) - F\,(\mathfrak{M}_A) - 1{,}487. \qquad (7)$$

In ihr ist Δ_m und $C(T)$ nach Brill in [11] und [5] tabuliert mit dem Argument $\dfrac{c_2}{T}$; die Zahl 1,487 enthält die Maßstabsfaktoren, und $F(\mathfrak{M})$ ist in [15] angegeben. Beide Gleichungen werden in 3 bis 4 Näherungen in üblicher Weise nach π und $\mathfrak{M}_A$ aufgelöst, womit dann auch $\mathfrak{M}_B$ bekannt wird.

Das Ergebnis der bisherigen Untersuchung sei in einigen kurzen Sätzen zusammengefaßt:

1. Bei visuellen Doppelsternen mit berechneten a'' und P hängt die Genauigkeit der strahlungsenergetischen bzw. dynamischen Parallaxen im wesentlichen davon ab, wie genau die Flächenkonstante der scheinbaren Bahn bestimmt ist. In günstigen Fällen beträgt der mittlere Fehler des Entfernungsmoduls nur $\pm$ 0ᵐ10 entsprechend $\pm$ 5% der Parallaxe. Damit ist das Verfahren allen üblichen Parallaxenmethoden überlegen. In ungünstigen Fällen betragen die mittleren Fehler etwa $\pm$ 0ᵐ30 im Entfernungsmodul bzw. 15% der Distanz.

2. Zur Berechnung solcher Parallaxen und Massen der Komponenten sind zwar die scheinbaren Helligkeiten und Farbwerte (Spektren) der Komponenten unbedingt notwendig, doch braucht ihre Genauigkeit nur etwa $\pm$ 0ᵐ3 in den Helligkeiten und $\pm$ 0ᵐ2 in den Farbenindices zu sein.

3. Auch die Abweichung des einzelnen Sterns von der implicite dem strahlungsenergetischen Verfahren zugrunde liegenden empirischen $(\mathfrak{M}, M)$-Beziehung bewirkt gleichfalls nur eine geringe Vergrößerung der mittleren Fehler der Parallaxen.

4. Für die Berechnung der Radien der Komponenten der Schwerebeschleunigung an der Oberfläche, der mittleren Dichten und vor allem für die Einordnung der Komponenten in ein FHD und Zuordnung zu einer Leuchtkraftklasse sind dagegen gute photometrisch-kolorimetrische Beobachtungen notwendig.

III. Die Genauigkeit dynamischer Parallaxen zweiter Art — Bahnelemente unbekannt

Den Gedanken, aus beobachteten Teilbögen der Bahn eines Doppelsternes auf seine Parallaxe zu schließen, hat bereits 1840 Mädler in Dorpat [16] ausgesprochen. Jonckheere hat vor einigen Jahren darauf hingewiesen [17]. Spätere Vorschläge in dieser Richtung stammen von: Comstock [18], Hertzsprung [19], Jackson und Furner [20] und H. N. Russell [21]. Letzterer hat dann gemeinsam mit Ch. E. Moore [10] für nicht weniger als 2300 Paare derartige dynamische Parallaxen mitgeteilt. Das Material dazu gaben in der Hauptsache die Beobachtungen bis etwa 1925. Wie steht es nun mit ihrer Genauigkeit?

In dem Katalog von O. Franz [5] befinden sich 135 Paare, die seit der Russellschen Arbeit durch weitere Beobachtungen zu einer Bahnbestimmung herangereift sind, so daß sie in gleicher Art wie auf S. 48 bei den dynamischen Parallaxen mit bekannten Bahnelementen sich zur Prüfung der erreichten Genauigkeit eignen. Es wurde also wieder das Verhältnis der strahlungsenergetischen Parallaxen π_s von Franz zu den dynamischen Parallaxen π_d von Russell bzw. $\log \dfrac{\pi_s}{\pi_d}$ abgeleitet. Tabelle 8 zeigt die Verteilung der Werte.

$$\text{Tabelle 8}$$

$\log \dfrac{\pi_s}{\pi_d}$		$\overline{\dfrac{\pi_s}{\pi_d}}$	Z	$\log \dfrac{\pi_s}{\pi_d}$		$\overline{\dfrac{\pi_s}{\pi_d}}$	Z
— 1,00 bis	— 0,90	0,11	1	— 0,10 bis	0,00	0,89	31
— 0,90 ,,	— 0,80	0,14	0	0,00 ,,	+ 0,10	1,12	29
— 0,80 ,,	— 0,70	0,18	0	+ 0,10 ,,	+ 0,20	1,41	12
— 0,70 ,,	— 0,60	0,22	1	+ 0,20 ,,	+ 0,30	1,78	8
— 0,60 ,,	— 0,50	0,28	0	+ 0,30 ,,	+ 0,40	2,24	7
— 0,50 ,,	— 0,40	0,35	0	+ 0,40 ,,	+ 0,50	2,82	4
— 0,40 ,,	— 0,30	0,45	1	+ 0,50 ,,	+ 0,60	3,54	3
— 0,30 ,,	— 0,20	0,56	9	+ 0,60 ,,	+ 0,70	4,46	4
— 0,20 ,,	— 0,10	0,71	25				

Danach kommen vereinzelt Fälle vor, in denen Russell die Entfernung fünf- bis zehnmal unterschätzt hat, aber auch solche, in denen Russells Distanzen vier- bis fünfmal zu groß sind. Im Durchschnitt ist

$\log \dfrac{\pi_s}{\pi_d} = + 0{,}031 \pm 0{,}021$, was $+ 0^{m}{,}15 \pm 0^{m}{,}10$ im Entfernungsmodul bzw. $7{,}5 \pm 5{,}0\%$ der Distanzen bzw. Parallaxen entspricht. Wieder sind, wie bei den dynamischen Parallaxen erster Art, die von Franz etwas, aber nur unwesentlich größer als Russells, was gewiß der besseren Kalibrierung infolge des besseren Beobachtungsmaterials in der neuen Arbeit zuzuschreiben ist. Läßt man die 2 ersten Sterne der Tabelle 8 als „Ausreißer" fort, so ändern sich diese Zahlen nur unwesentlich in $+ 0{,}044 \pm 0{,}018$; $+ 0^{m}{,}22 \pm 0^{m}{,}09$; $11\% \pm 5\%$.

Ganz unerwartet groß sind aber die Streuungen. Sie betragen bei $\log \dfrac{\pi_s}{\pi_d} \pm 0{,}240$ bzw. $\pm 1^{m}{,}20$ (!!) im Entfernungsmodul oder 73% in den Parallaxen bzw. den Distanzen (ohne die 2 „Ausreißer": $\pm 0{,}213$ bzw. $\pm 1^{m}{,}07$ oder $\pm 63\%$). Bei den dynamischen Parallaxen erster Art hatte sich für die Moduli $\pm 0^{m}{,}20$ ergeben.

Dabei sind diese 135 Sterne durchwegs solche mit gut gesicherten Bahnbögen, sonst wäre ja 20 bis 30 Jahre später keine Bahnbestimmung möglich gewesen. Wir müssen also für die Mehrzahl der Russellschen π_d zweiter Art mit durchaus noch größeren Unsicherheiten rechnen.

Sie sind also nur zu statistischen Zwecken verwendbar (wie z. B. in [23]), wofür sie wohl auch nur gedacht waren. Dagegen hätte es keinen Zweck, sie einzeln, etwa zur Grundlage eines HRD, zu verwenden. Die wahre Verteilung der Komponenten in ihm würde völlig verwischt werden [12].

Es erheben sich nun die Fragen: Liegt dieses ungünstige Ergebnis

a) am Prinzip der Methode,
b) an der Ungenauigkeit des Beobachtungsmaterials?
c) Wie kann man es besser machen?

Das Russellsche Verfahren besteht im wesentlichen in folgendem: Aus dem Beobachtungsmaterial werden für einen passend gewählten Zeitpunkt rechnerisch oder graphisch abgeleitet die Distanz der Komponenten ρ und die jährliche Änderung des Positionswinkels $\Delta\vartheta$ in Grad. Dann ist

$$\pi = \rho \cdot G_R \cdot \left(\frac{\Delta\vartheta}{360}\right)^{\frac{2}{3}} \cdot (\mathfrak{M}_A + \mathfrak{M}_B)^{-\frac{1}{3}}. \tag{8}$$

$(\mathfrak{M}_A + \mathfrak{M}_B)$ wird wenigstens im Prinzip, wenn auch auf andere Art, ähnlich wie bei dem strahlungsenergetischen Verfahren aus Tabellen und Kurven mittels der scheinbaren Helligkeit und Spektralangaben für die Komponenten gewonnen. Von hierher können, wie oben ausführlich gezeigt wurde, kaum große Unsicherheiten in die dynamischen Parallaxen kommen. Anders ist es mit

$$G_R = \sin J_1^{-\frac{1}{3}} \cdot \sin^2 J_2^{-\frac{1}{3}} \cdot \left(2 - \frac{r}{a}\right)^{-\frac{1}{3}}. \tag{9}$$

Hier ist J_1 der Winkel zwischen Radiusvektor r in der Bahn und dem Visionsradius, J_2 der Winkel zwischen Bahntangente und dem Visionsradius. Da man im Einzelfall die drei Faktoren nicht kennt, ermittelte Russell auf Grund geometrischer und dynamischer Betrachtungen Mittelwerte und zwar

$$\overline{\sin J_1^{-\frac{1}{3}}} = 1{,}120; \quad \overline{\sin^2 J_2^{-\frac{1}{3}}} = 1{,}294; \quad \overline{\left(2 - \frac{r}{a}\right)^{-\frac{1}{3}}} = 1{,}130,$$

so daß $G_R = 1{,}635$ wird.

Im Einzelfall wird der wahre Wert von G_R natürlich mehr oder weniger stark davon abweichen und dadurch beim Rechnen mit $G_R = 1{,}635$ eine entsprechende Verfälschung der Parallaxen entstehen. Um welche unerwartet hohen Beträge es sich dabei handeln kann, zeigt das folgende rechnerische Experiment, für das wir (8) umschreiben in

$$G_R = \frac{\pi}{\rho} (\mathfrak{M}_A + \mathfrak{M}_B)^{\frac{1}{3}} \cdot \left(\frac{\Delta\vartheta}{360}\right)^{-\frac{2}{3}}. \tag{10}$$

Vor einigen Jahren hat P. Muller [24] für eine große Zahl Doppelsterne mit bekannten Bahnen Ephemeriden gültig für 1950—1970 gerechnet. Unter den Paaren mit mittellanger und langer Periode befinden sich auch 49 im Katalog der strahlungsenergetischen Parallaxen von Franz, die größtenteils auf Grund der gleichen Elemente abgeleitet wurden. Das geometrische Mittel der Umlaufszeiten, die zwischen 100 und 3104 Jahren liegen, beträgt 299 Jahre. Den Ephemeriden wurden die Werte für ρ, gültig für 1960, und aus benachbarten Werten der Positionswinkel $\Delta\vartheta$ entnommen; ferner π und $(\mathfrak{M}_A + \mathfrak{M}_B)$ dem Katalog von Franz. Die dann errechneten Werte G_R liegen zwischen 0,82 und

4,70 (ein „Ausreißer" mit $G_R = 9,73$ wurde nicht berücksichtigt). Sie sind also bis zu zweimal kleiner bzw. dreimal größer als der theoretische Wert 1,635. Im übrigen zeigt Tabelle 9 die Verteilung der 49 Werte. Der Durchschnitt ist $G_R = 1,91 \pm 0,11$, d. h. $17\% \pm 7\%$ größer als der theoretische Betrag. Um diesen Wert könnten aus den verschiedensten Gründen, wie beobachtungstechnische Auswahleffekte, die mit Russells Ansatz ermittelten Parallaxen systematisch zu groß sein. Doch sind 49 Sterne für eine Entscheidung etwas wenig.

Wichtiger ist die Streuung der G_R, die $\pm 0,75$ oder $\pm 46\%$ des Sollwertes, entsprechend $\pm 0{,}^{m}82$ im Entfernungsmodul, beträgt. Das heißt aber, die dreifache theoretische Mittelwertbildung nach Russell vereinfacht das Problem der dynamischen Parallaxen gegenüber der Wirklichkeit in zu starkem Maße. Es sind also die Russellschen Parallaxen zweiter Art für die eingangs genannten Zwecke auch prinzipiell nicht genau genug.

Tabelle 9

G_R			Z
0,8	bis	1,2	7
1,2	,,	1,6	18
1,6	,,	2,0	9
2,0	,,	2,4	5
2,4	,,	2,8	5
2,8	,,	3,2	0
3,2	,,	3,6	2
3,6	,,	4,0	1
4,0	,,	4,4	0
4,4	,,	4,8	1

Bei der Berechnung der G_R in Tabelle 9 spielen meßtechnische Unsicherheiten der ρ und $\Delta \vartheta$ keine Rolle. Wenn Tabelle 8 auf eine noch erheblich größere Streuung der Parallaxen führte, so müssen bei ihr die Beobachtungsfehler noch zusätzlich merklich gewirkt haben. Doch lohnt es nicht mehr, die Analyse in dieser Richtung weiterzutreiben.

IV. Dynamische Parallaxen nach Jackson und Furner

Die genannten Autoren hatten 1920 in [20] einen, wie sich zeigen wird, recht brauchbaren Vorschlag gemacht und auf über 500 Doppelsterne angewendet. Er ist aber teils wegen des erheblich größeren Materials, teils auf Grund des hohen Ansehens von Russell offenbar weitgehend vergessen worden.

An Stelle des 3. Keplerschen Gesetzes schlagen Jackson und Furner den Ansatz vor

$$\pi^3 = \frac{\rho^3 \cdot \sin J_1^{-3}}{(\mathfrak{M}_A + \mathfrak{M}_B)} \left[\left(\frac{d\,\vartheta}{d\,t} \cdot \frac{1}{360} \right)^2 - \frac{1}{4 \cdot 3{,}141^2 \cdot \rho} \cdot \frac{d^2 \rho}{d\,t^2} \right], \quad (11)$$

wobei man in sehr guter Näherung setzen kann

$$\pi^3 = \frac{\rho^3 \cdot \sin J_1^{-3} (t_3 - t_1)^{-2}}{(\mathfrak{M}_A + \mathfrak{M}_B)} \cdot \left[\left(\frac{\vartheta_3 - \vartheta_1}{360} \right)^2 + \frac{2\,\rho_2 - \rho_1 - \rho_3}{3{,}141^2 \cdot \rho_2} \right]. \quad (12)$$

Es müssen also aus dem vorhandenen Beobachtungsmaterial abgeleitet werden die drei Distanzen ρ_1, ρ_2, ρ_3 für Anfang, Mitte und Ende der Beobachtungszeit, der erste und dritte Positionswinkel. $(\mathfrak{M}_A + \mathfrak{M}_B)$ läßt sich, wie oben dargelegt, mit rechter Sicherheit aus den scheinbaren Helligkeiten und Farbwerten der Komponenten ableiten. J_1 ist wie bei Russell der Winkel zwischen Radiusvektor in der wahren Bahn und dem Visionsradius. Geometrische Mittelung führt, wieder wie bei Russell, zum Sollwert für $G_J = \overline{\sin J_1^{-\frac{1}{3}}} = 1{,}120$.

Jackson und Furner benutzen also nur eine und recht anschauliche geometrische Mittelung und führen selbst aus, daß dadurch keine starke Unsicherheit in die dynamischen Parallaxen käme. Allerdings verlangen sie viel mehr vom Beobachtungsmaterial, nämlich drei Distanzen statt einer, so daß dadurch die Zahl der für ihr Verfahren geeigneten Objekte kleiner werden wird, als die für das Russellsche.

Die gleichen 49 Paare wurden nun wie im vorhergehenden Kapitel zur experimentellen Prüfung des Ansatzes von Jackson und Furner herangezogen. Den Ephemeriden von P. Muller wurden die ρ_1, ρ_2, ρ_3, ϑ_1, ϑ_2 entnommen und unter Benutzung der π und $(\mathfrak{M}_A + \mathfrak{M}_B)$ von Franz unter Umkehrung der Formel (11) die einzelnen G_J berechnet.

Ihre Verteilung zeigt Tabelle 10. Es wird dann $G_J = 1{,}150 \pm 0{,}039$, d. h. innerhalb der mittleren Fehler genau der zu erwartende Wert.

Tabelle 10

G_J		Z
0,5 bis	0,7	2
0,7 ,,	0,9	4
0,9 ,,	1,1	16
1,1 ,,	1,3	16
1,3 ,,	1,5	8
1,5 ,,	1,7	2
1,7 ,,	1,9	0
1,9 ,,	2,1	0
2,1 ,,	2,3	1

Die Streuung der G_J beträgt $\pm 0{,}69$ oder 24% von $\overline{G_J}$ bzw. der Entfernungen und Parallaxen oder $\pm 0^{m}46$ im Entfernungsmodul. Der Ansatz von Jackson und Furner hat also prinzipiell nur den halben mittleren Fehler bzw. das vierfache Gewicht gegenüber dem von Russell. Da aber zu dieser durch den statistischen Ansatz verursachten Unsicherheit noch der unvermeidliche Einfluß der Meßfehler kommt, der von ähnlicher Größenordnung sein wird, erscheint leider auch der Ansatz von Jackson und Furner nicht ganz ausreichend, um innerhalb der eingangs geforderten Grenzen dynamische Parallaxen zweiter Art abzuleiten. Anregungen zur Verbesserung bringt der übernächste Abschnitt.

Versucht habe ich selbst noch einen Ansatz mit zwei Positionswinkeln und nur zwei Distanzen. Er wurde wieder mit den 49 Sternen geprüft. Es ergibt sich bei ihm eine Größe G_H, ihr Durchschnitt ist $\overline{G_H} = 1{,}450 \pm 0{,}074$. Dies ist zufällig genau der gleiche Betrag, den man erhält, wenn man die zwei ersten der drei Russellschen Faktoren multipliziert. Die Streuung der G_H beträgt $\pm 0{,}513$, entsprechend 35% der Distanzen bzw. Parallaxen oder $\pm 0^{m}60$ im Modul. Wie zu erwarten, liegen diese Werte zwischen denen für die beiden anderen Verfahren. Da sie aber für unsere Ziele sicher zu groß sind, wurde dieser Versuch nicht weiter fortgesetzt.

V. Photometrisch-kolorimetrische Parallaxen

Da wir schon beim Kritisieren sind, seien einige Ausführungen den Vorschlägen gewidmet, aus den Farbäquivalenten wenigstens bei Hauptreihensternen auf M zu schließen und dann über die m auf die Parallaxen. Bekanntlich ist dies mit bestem Erfolg bei jungen galaktischen Sternhaufen möglich. Dagegen zeigt das allgemeine Feld infolge der verschiedenen Altersentwicklungen der Sterne im FHD erhebliche Streuungen. Diese scheinen bei den visuellen Doppelsternen durch das Auftreten zahlreicher Unterriesen besonders stark zu sein, wie sich in [12] ergeben hat. Wenn auch schon Abb. 1 in [12] zeigt, daß es zwecklos wäre, aus den FI der Komponenten auf die Parallaxe zu schließen, so sei der Vollständigkeit halber die Frage auch rechnerisch untersucht.

Aus dem Material der Wiener Doppelsternkolorimetrie wurde eine statistische Beziehung zwischen den FI und M für Hauptreihensterne abgeleitet und mit ihr dann sternweise $(m - M)$ berechnet, die dann mit den strahlungsenergetischen Parallaxen von Franz bzw. den entsprechenden Moduli verglichen wurden. Für die mittleren Fehler der so gewonnenen photometrisch-kolorimetrischen Moduli ergab sich aus 113 Doppelsternen $\pm$ 1ᵐ70; d. h. aber: Diese Art Parallaxen sind für Doppelsterne und auch für die Feldsterne im allgemeinen nicht brauchbar.

VI. Verbesserung des Verfahrens von Jackson und Furner

Wie die statistische Auswertung der Arbeit von Franz durch den Verfasser [23] gezeigt hat, sind unsere Kenntnisse von den visuellen Doppelsternen infolge historisch-beobachtungstechnischer Auswahleffekte noch sehr einseitig. Es fehlen vor allem Untersuchungen über langperiodische Paare. Dazu sind in erster Linie dynamische Parallaxen zweiter Art nötig, wobei zunächst der Ansatz von Jackson und Furner am geeignetsten erscheint.

Nur zweierlei muß dabei verlangt werden:

1. Die vollständige Auswertung des gesamten für ein Paar zur Verfügung stehenden Beobachtungsmaterials, um im letzten Teil der Formel (11) die $\dfrac{d\,\vartheta}{d\,t}$ und $\dfrac{d^2\,\rho}{d\,t^2}$ möglichst sicher zu erhalten. Seit der

Arbeit von Jackson und Furner sind rund 40 Jahre vergangen, wobei sie sich überwiegend auf den Katalog von Burnham (1906) stützten; die beobachteten Bahnbögen, insbesonders der Struve-Sterne, sind entsprechend länger geworden, so daß man heute viel sicherere Zahlen erhalten kann als um 1920. Über die Rechentechnik dazu gleich mehr.

2. muß man anstreben, den Bereich der Winkel J_1 bzw. den von $\sin J_1^{-\frac{1}{3}}$ durch passende Auswertung der Beobachtungen so einzugrenzen, daß ihre Unsicherheit die Parallaxen nicht so stark gefährdet wie der statistische Ansatz. Auch dies wird nachstehend erörtert.

Dabei ist es nötig, längere Ausführungen einer früheren Arbeit von mir [11] zu wiederholen bzw. zu ergänzen. Diese ist bis heute die letzte astronomische Arbeit der Leipziger Akademie der Wissenschaften bzw. Universitäts-Sternwarte. Durch die Wirren des Jahres 1945 konnte sie leider nicht im vollen Umfang zum internationalen Austausch gelangen, was ihre längere Zitierung hier wohl rechtfertigt.

Zunächst also die Ableitung der $\dfrac{d\vartheta}{dt} = \dot\vartheta$ und $\dfrac{d^2\rho}{dt^2} = \ddot\rho$. Nach Sammlung des Beobachtungsmaterials und Reduktion der Positionswinkel auf ein Normaläquinox werden die Messungen zu passenden Normalörtern zusammengefaßt. Eine graphische Auswertung der (ϑ, t)- und (ρ, t)-Kurven ist nicht angebracht. Wohl ließe sich aus ihnen $\dot\vartheta$ noch ableiten, aber nicht mehr gut $\ddot\rho$. Vor allem ist es aber sehr mißlich, beide Werte so zu erhalten, daß das Gesamtmaterial möglichst gut zum Tragen kommt und dabei, was ja bei allen Bahnbestimmungen zu fordern ist, auch das 2. Keplersche Gesetz, der Flächensatz, erfüllt ist. Dies geschieht in dem vom Verfasser in der Leipziger Arbeit modifizierten rechnerischen Verfahren von Rabe [25], das für das hier vorliegende Problem noch vereinfacht wurde. Dabei sind noch zwei Fälle zu unterscheiden; eine einfache Zeichnung des beobachteten Bahnbogens zeigt:

a) Die Änderung des Positionswinkels dominiert völlig gegenüber der der Distanzen, was bei Systemen, um die es sich hier handelt, seltener auftreten wird als:

b) Die Distanzänderung ist deutlich, ja oft stärker als die der Positionswinkel.

In beiden Fällen wählt man eine in der Mitte der Beobachtungsperiode liegende Zeit t_0 und eine Zeiteinheit N, die beiderseits von t_0 alle Beobachtungen umfaßt, soweit man sie bearbeiten will. (Z. B.: Beobachtungen von 1852—1959 geben zweckmäßig $t_0 = 1910{,}0$ und $N = 60$.) Dann wird für jeden Normalort ermittelt

$$\tau = \frac{t - t_0}{N}. \tag{13}$$

Fall a: Ausgleichung (eventuell unter Gewichtsansatz je nach der Zahl der zu einem Normalort zusammengefaßten Messungen mehrerer Jahre) nach der Formel

$$\vartheta = \vartheta_0 + \alpha_1 \cdot \tau + \alpha_2 \cdot \tau^2 + \alpha_3 \cdot \tau^3. \tag{14}$$

Anschließend sind folgende Ausdrücke zu berechnen:

$$\dot{\vartheta} = \alpha_1 \cdot \sin 1^\circ = 0{,}017453 \cdot \alpha_1; \quad a_1 = \frac{-2\,\alpha_2}{\alpha_1}; \quad b = \frac{-3\,\alpha_3}{\alpha_1}. \tag{15}$$

Wir definieren nun ein rechtwinkeliges, dreiachsiges Koordinatensystem mit Nullpunkt in der einen (helleren) Komponente, z-Achse im Visionsradius, x-Achse tangential an der Sphäre in Richtung des Positionswinkels zur Zeit t_0. Längeneinheit ist die Projektion des Radiusvektors an die Sphäre zur gleichen Zeit. Dann sind weitere Ausdrücke durchzurechnen:

$$\dot{x} = \dot{\rho} = \frac{a_1}{2}; \quad a_2 = a_1{}^2 + b; \quad (-\ddot{x}) = \dot{\rho}^2 + \dot{\vartheta}^2 - a_2. \tag{16}$$

Sodann wird noch durch Bildung gewichteter Mittel ρ_0 für die Zeit t_0 gewonnen aus den einzelnen Distanzen der Normalörter mit dem Ansatz:

$$\rho^2 = \rho_0{}^2 \left(1 + a_1 \cdot \tau + a_2 \cdot \tau^2\right). \tag{17}$$

In dieser Formel bzw. der entsprechenden (20) liegt die Berücksichtigung des Flächensatzes.

Fall b: Die nachstehenden Formeln entsprechen natürlich denen des Falles a. Es werden zunächst nicht die Distanzen der Normalörter, sondern ihre Quadrate ausgeglichen mit

$$\rho^2 = B_0 + B_1 \cdot \tau + B_2 \cdot \tau^2, \tag{18}$$

dann ist

$$\rho_0^2 = B_0; \quad a_1 = \frac{B_1}{B_0}; \quad a_2 = \frac{B_2}{B_0}. \tag{19}$$

Der Ausgleich der Positionswinkel geschieht mit dem Ansatz

$$\vartheta = \vartheta_0 + a_1 \cdot \tau' \quad \text{wo} \quad \tau' = \tau - \frac{1}{2} \cdot a_1 \cdot \tau^2 - \frac{1}{3}(a_2 - a_1^2) \cdot \tau^3. \tag{20}$$

was ϑ_0 und α_1 liefert.

Bemerkt sei noch: Die Potenzreihen für die Ausgleichung brechen bewußt mit den quadratischen Gliedern bzw. mit denen der 3. Ordnung ab. Sollte die Größe des Bahnbogens bzw. die Sicherheit der Normalörter noch höhere Glieder zu berechnen gestatten, so ist der betreffende Doppelstern zu einer vollständigen, zunächst natürlich nur provisorischen Bahnbestimmung geeignet, wofür alle entsprechenden Anweisungen einschließlich der Ermittlung der Parallaxen usw. in der früheren Arbeit gegeben sind.

Der Ansatz von Jackson und Furner, der den Ersatz der Keplerschen Gleichung darstellt, lautet in beiden Fällen nunmehr:

$$\pi^3 (\mathfrak{M}_A + \mathfrak{M}_B) \cdot \sin J_1^3 = \frac{\rho_0^3}{N^2} \cdot \frac{(-\ddot{x})}{4 \cdot 3{,}141^2}. \tag{21}$$

Hier ist die rechte Seite bekannt, und zwar unter Berücksichtigung des Flächensatzes und möglichst vollständiger Ausnützung des gesamten Beobachtungsmaterials. Auf der linken Seite ist π die gesuchte Parallaxe. $\mathfrak{M}_A + \mathfrak{M}_B$ können, wie im 2. Abschnitt dieser Arbeit geschildert wurde, aus den astrophysikalischen Daten durch das strahlungsenergetische Verfahren mit völlig ausreichender Sicherheit gewonnen werden.

An Stelle des statistischen Mittelwertes für $\sin J_1^{-3}$ bzw. J_1 selbst soll nur eine obere Grenze abgeleitet werden, welche die dem Gebrauch des statistischen Mittels anhaftende starke Streuung erheblich einschränkt. Die untere Grenze ist natürlich $\sin J_1^{-3} = 1{,}000$.

In dem oben eingeführten Koordinatensystem kann z zwischen o und $+\infty$ liegen (eigentlich zwischen o und $\pm\infty$; das Vorzeichen bleibt aber bei J_1 und $\sin J_1$ ebenso unentschieden wie bei der Bahnneigung). Es ist dann $z = \operatorname{ctg} J_1$ bzw.

$$\sin J_1^{-1} = \sqrt{1 + z^2} = r \tag{22}$$

(linearer Abstand der Komponenten mit dem Maßstab $\rho_0 = 1$). Ferner ist $r\,\dot{r} = x\,\dot{x} + y\,\dot{y} + z\,z$, wobei $x = 1$, $x = \rho$, $y = 0$, $y = \dot{\vartheta}$, d. h.

$$r\,\dot{r} = \dot{\rho} + z\,z. \tag{23}$$

Kann man für z Grenzen angeben, so hat man sie auch für $\sin J_1^{-1}$. Ein solches Grenzkriterium sei aus der früheren Arbeit übernommen ([11], S. 14—15). k^2 sei die weiterhin für die Parallaxenrechnung nicht interessierende Anziehungskonstante des Systems (wohl braucht man k bei einer dynamischen Bahnbestimmung). Eine Grundgleichung des Zweikörperproblems ist

$$k^2 = -\ddot{x}.r^3. \tag{24}$$

Da $x^2 + y^2 = 1$ gesetzt wurde, ist $r > 1$ oder $k^2 > -\ddot{x}$. Das Energieintegral des Zweikörperproblems lautet hier:

$$V^2 = \dot{x}^2 + \dot{y}^2 + \dot{z}^2 = \dot{\rho}^2 + \dot{\vartheta}^2 + \dot{z}^2 = k^2\left(\frac{2}{r} - \frac{1}{a}\right). \tag{25}$$

In einer elliptischen Bahn ist $\dfrac{1}{a} > 0$, also

$$k^2 > \frac{r}{2}.\,V^2 \tag{26}$$

oder mit Einführung obiger Größen

$$k^2 \geqq \frac{r}{2}\,(\dot{\rho}^2 + \dot{\vartheta}^2 + z^2). \tag{27}$$

Im Grenzfalle hätten wir es mit einer Parabel zu tun. Analog ergibt sich für eine Kreisbahn

$$k^2 = r\,(\dot{\rho}^2 + \dot{\vartheta}^2 + \dot{z}^2). \tag{28}$$

Mit (24) erhält man

$$(-\ddot{x})\,.\,r_k = \dot{\rho}^2 + \dot{\vartheta}^2 + \dot{z_k}^2. \tag{28a}$$

Bei der Kreisbahn ist $\dot{r} = 0$ bzw. $z\,\dot{z} = -\dot{\rho}$ und aus (28) wird

$$(-\ddot{x}).r^2 = (-\ddot{x}).(1+z^2) = \dot{\rho}^2 + \dot{\vartheta}^2 + \frac{\dot{\rho}^2}{z^2}. \tag{29}$$

Man erhält dann leicht

$$\lambda^2 + \left(1 - \frac{\dot{\rho}^2 + \dot{\vartheta}^2}{(-\ddot{x})}\right).\,\lambda - \frac{\dot{\rho}^2}{(-\ddot{x})} = 0, \quad \text{wo } \lambda = z^2. \tag{30}$$

Nun wird a_2 nur dann merklich sein, wenn die Distanzen im beobachteten Bahnbogen erst zu- und dann wieder abgenommen haben (oder umgekehrt), bzw. wenn bei gleichsinniger Distanzänderung diese ungleichförmig erfolgt. Auch wird a_2 sich meist nicht besonders sicher aus der Ausgleichung ergeben. Vernachlässigt man aber a_2, dann wird $-\ddot{x} = \dot{\rho}^2 + \dot{\vartheta}^2$ und es vereinfacht sich (30) zu

$$z_k{}^4 = \frac{\dot{\rho}^2}{(-\ddot{x})} \,. \tag{31}$$

Nach (31) ist der Maximalwert von $|z| = 1$, was durch die Erfahrung an zahlreichen Bahnbestimmungen langperiodischer Systeme bestätigt wird, ja meist ist $|z| < 0,5$. Für $z = 1$ wird also $\sin J_1{}^{-1} =$ $= 1,414$ und $\sin J_1{}^{-\frac{1}{3}} = 1,121$. Die untere Grenze hierfür ist $1,000$. Die mit beiden Grenzwerten berechneten Parallaxen unterscheiden sich höchstens um $12\% \sim 0\overset{\text{m}}{,}24$. Zweckmäßig wird man mit einem Mittelwert für $\sin J_1{}^{-\frac{1}{3}}$ zwischen $1,000$ und dem aus (30) bzw. (31) folgenden rechnen. Damit wird die methodisch bedingte Streuung der dynamischen Parallaxen zweiter Art praktisch völlig vermieden.

Auch hier wurde mit den bereits zweimal benutzten 49 Sternen eine erste Prüfung der neuen Vorschläge durchgeführt. Wie bei der Untersuchung des Verfahrens von Jackson und Furner wurden für die Zeiten t_1, t_2, t_3 die ϑ_1, ϑ_2, ϑ_3; ρ_1, ρ_2, ρ_3 den Ephemeriden von P. Muller entnommen. N war stets gleich 10, und die a_1 und a_2 ließen sich ohne Ausgleichung direkt aus den ρ^2 ermitteln, desgleichen P aus $\vartheta_3 - \vartheta_1$. Die Durchrechnung ging weiter bis (31), zur Parallaxenrechnung wurden $\mathfrak{M}_A$ und $\mathfrak{M}_B$ nach Franz angesetzt. So konnten schließlich die Parallaxen π_H gewonnen und mit den strahlungsenergetischen von Franz verglichen werden. Tabelle 11 zeigt analog den zwei vorhergehenden die Verteilung der $\log \dfrac{\pi_H}{\pi_s}$. Man sieht sofort, daß die Streuung gegenüber der Tabelle 9 mit $6,0:1$ und Tabelle 10 mit $4,6:1$ sich hier auf $2,1:1$ vermindert hat. Im geometrischen Mittel sind die π_H $3,2 \pm 2,5\%$ kleiner als die π_s, d. h. praktisch identisch. Die Streuung der π_H beträgt $\pm 11,9\%$ oder $\pm 0\overset{\text{m}}{,}149$ im Modul. In diesen

Zahlen stecken aber noch die Unsicherheiten der π_s, die man vielleicht mit $\pm 0\overset{''}{,}10$ ansetzen kann.

Tabelle 11

$\dfrac{\pi_H}{\pi_s}$			Z
0,69	bis	0,76	4
0,76	,,	0,83	1
0,83	,,	0,91	5
0,91	,,	1,00	9
1,00	,,	1,10	12
1,10	,,	1,20	9
1,20	,,	1,32	5
1,32	,,	1,44	4

Natürlich stecken in der Praxis in den Grenzwerten und damit in den Parallaxen noch die Unsicherheiten der ϱ und $\ddot{x}$, d. h. im Grunde die des Beobachtungsmaterials. Es dürften sich aber so — besonders *in Verbindung* mit neuen Positionsmessungen — doch bei hunderten langperiodischer Systeme aus Bahnbögen, die noch keine Bahnbestimmung erlauben, Parallaxen ermitteln lassen, die genügend genau sind, um *die eingangs gestellten* Wünsche zu erfüllen. (Siehe auch S. 67).

VII. Die praktische Durchführung der Parallaxenrechnung erläutert an δ Geminorum

Nach Abschluß der Wiener Doppelsternkolorimetrie [12] wurde ein weiteres Programm für den 27-Zöller mit etwa 400 Paaren aufgestellt. Soweit noch nicht geschehen, sollen sie wie bisher photometriert und kolorimetriert werden. Ferner sollen aber bei allen Sternen mit Doppelbildmikrometern Positionswinkel und Distanz gemessen werden. Das Programm enthält zum Teil die schwachen und vernachlässigten Struve-Sterne, zu deren Wiederbeobachtung P. Muller [26] aufgefordert hatte, sowie Sterne vornehmlich aus der Wiener Kolorimetrie, die nach dem Verzeichnis von Dommanget [27] mit mehr oder weniger hoher Wahrscheinlichkeit physische Paare sind. Näheres hiezu sei einer späteren Veröffentlichung vorbehalten.

Aus den fast 100 Paaren, die im Augenblick (August 1959) schon beobachtet sind, sei δ Geminorum = ADS 5983 als Beispiel für die

Durchführung des neuen Parallaxenverfahrens herausgegriffen und in verschiedener Richtung diskutiert. Über den Stern ist zur Zeit nachstehendes bekannt:

$$\alpha = 7^{\mathrm{h}}\,17^{\mathrm{m}}1,\ \delta = +\,22°5'\ (1950,0);\ \mu_\alpha = -\,0{,}''016,\ \mu_\delta = -\,0{,}''016;$$

$$m_A = 3^{\mathrm{m}}53,\ m_B = 7^{\mathrm{m}}98;\ \frac{c_2}{T_{(A)}} = 2{,}47,\ \frac{c_2}{T_{(B)}} = 3{,}84\ (\text{aus } [14,\ \text{II}]);$$

$$FI_A = +\,0^{\mathrm{m}}66,\ FI_B = +\,1^{\mathrm{m}}50\ (\text{aus } [12]);\ RG_A = RG_B = +\,2{,}6\ \text{km/sek}$$

(aus [28]).

Die von Hnatek [29] in Wien auf Grund von fünf immerhin nicht ganz einwandfreien Aufnahmen ausgesprochene Vermutung, daß die hellere Komponente ein kurzperiodischer spektroskopischer Doppelstern sei, ist durch die späteren Beobachtungen in Lick- und Victoria-Observatory nicht bestätigt worden.

Über die Parallaxen liegen folgende Angaben vor:

	π	$m - M$
trigonometrisch [2]	$0{,}''059 \pm 0{,}''008$	$+\ 1{,}1 \pm 0{,}3$
dynamisch (Russell [10])	$0{,}''032$ gut	$+\ 2{,}5$
dynamisch (Jackson und Furner [20])	$0{,}''053$	$+\ 1{,}4$
spektroskopisch (Mt. Wilson)	$0{,}''033$	$+\ 2{,}4$
dynamisch (diese Arbeit)	$0{,}''0372$ bzw.	$+\ 2{,}1$
	$0{,}''0434 \pm 0{,}''0037$	$+\ 1{,}82 \pm 0{,}17$

Tabelle 12 gibt die Zusammenstellung der Beobachtungen. Diese wurden den Katalogen von Burnham und Aitken entnommen und nur durch neue Messungen von Rabe [30] und die in Wien ergänzt. Um die Untersuchung etwas den Verhältnissen bei seltener beobachteten Systemen anzugleichen, wurde mit Absicht nicht auch das reiche und gute Material herangezogen, das gerade bei δ Geminorum vorliegt. Geschieht dies, so wird das Paar gut zu einer dynamischen Bahnbestimmung geeignet (siehe S. 70), und man erhält eine sehr sichere strahlungsenergetische Parallaxe 1. Art. — In Tabelle 12 gibt die Spalte n die Zahl der Beobachtungsnächte, p das Gewicht, das dem Ort bei der Ausgleichung erteilt wurde. Unter ϑ stehen die wegen der Präzession bereits auf 1900,0 reduzierten Positionswinkel.

Tabelle 12

t	ϑ 1900	ρ	n	p	$(v\,\vartheta)$	$v\,(\rho)$
1797,53	194°3	—	4	1	$+\ 0°9$	—
1829,72	197,3	7″14	4	1	$-\ 0,5$	$+\ 0″09$
1854,73	202,6	6,99	13	3	$+\ 1,3$	$-\ 17$
1867,56	202,1	7,27	4	1	$-\ 1,0$	$+\ 12$
1873,78	204,3	7,07	2	1	$+\ 0,5$	$-\ 8$
1884,96	205,7	7,16	11	3	$+\ 0,2$	$+\ 5$
1887,20	205,8	7,21	3	1	$0,0$	$+\ 11$
1890,06	205,7	7,08	3	1	$-\ 0,6$	0
1896,50	206,0	7,02	15	4	$-\ 0,9$	$-\ 2$
1899,86	206,4	7,16	4	1	$-\ 1,1$	$+\ 16$
1904,54	208,0	6,96	3	1	$-\ 0,2$	$-\ 1$
1904,97	207,7	6,99	30	6	$-\ 0,5$	$+\ 2$
1910,63	209,1	6,86	25	5	$+\ 0,2$	$-\ 7$
1916,43	210,0	6,78	12	3	$+\ 0,2$	$-\ 8$
1923,66	211,1	6,80	32	5	$+\ 0,3$	$+\ 3$
1937,20	212,6	6,55	11	3	$-\ 0,1$	$-\ 2$
1943,25	213,3	6,52	12	3	$-\ 0,5$	$+\ 6$
1959,18	218,4	6,07	2	1	$+\ 2,5$	$-\ 6$

Festgesetzt wurde $t_0 = 1880{,}0$ und $N = 80$. Die Ausgleichung der ρ^2 und ϑ gab folgende Werte:

$$\rho^2 = 50{,}82 - 4{,}08 \cdot \tau - 9{,}44 \cdot \tau^2$$
$$\pm 0{,}34 \quad \pm 0{,}94 \quad \pm 1{,}41 \quad \text{m. F.}$$

$$\text{m. F. der Gewichtseinheit} = \pm 1{,}51, \text{ in } \rho = \pm 0″107$$
$$\rho_0 = 7″129 \pm 0″024$$

$$\vartheta = 204°66 + 11{,}50 \cdot \tau'$$
$$\pm 0{,}12 \quad \pm 0{,}23 \quad \text{m. F.}$$

$$\text{m. F. der Gewichtseinheit} = \pm 0°607$$
$$\text{entsprechend} \qquad \pm 0″074.$$

Die Darstellung der Beobachtungen durch diese Reihen zeigen die Spalten $v\,(\vartheta)$ und $v\,(\rho)$, die wohl befriedigen können. Die Koeffizienten beider Reihen sind nach Maßgabe ihrer mittleren Fehler voll verbürgt. Von den Zwischenstadien der Rechnung nach den Formeln (13) bis (31) interessieren hier die Werte für $\dot\rho = -\ 0{,}0401$ und $-\ \ddot x = +\ 0{,}1265$. Damit wird für die Kreisbahn $\operatorname{cosec} J_1 = 1{,}035$. Der Unterschied der Parallaxen, ob man die Kreisbahn oder $z = 0$ wählt, beträgt also nur $3,5\%$.

Errechnet man sich mit dem Werte für die Kreisbahn zuerst k aus $k^2 = -\ddot{x} \cdot r^3$, so wird mit

$$P_{kr} = \frac{2 \cdot 3,141 \cdot N \cdot r}{\sqrt{-\ddot{x}}} \tag{32}$$

ein brauchbarer Hinweis für die Umlaufszeit des Systems gewonnen, hier 1460 Jahre.

Der Ansatz für die Parallaxenrechnung lautet nunmehr

$$\pi^3 = \frac{7,129^3 \cdot 1,024^3 \cdot 0,1265}{4 \cdot 3,141^2 \cdot 80^2 (\mathfrak{M}_A + \mathfrak{M}_B)} = 0,1580 \cdot 10^{-3} \cdot (\mathfrak{M}_A + \mathfrak{M}_B)^{-1}.$$

Wenn man nun den etwas lästigen Weg der *strahlungsenergetischen* Rechnung vermeiden will, so kann man einer passenden Tabelle für den statistischen Zusammenhang zwischen Spektraltyp und Masse ([11], S. 49) die Werte für $\mathfrak{M}_A$ und $\mathfrak{M}_B$ entnehmen (hier 1,70 und 0,74) und erhält so $\pi = 0{,}''0402$.

Da aber hier brauchbare Helligkeits- und Farbwerte der Komponenten vorliegen, ist der strahlungsenergetische Weg unbedingt vorzuziehen. Es ergibt sich dann $\pi = 0{,}''0372$, $(m - M) = +2^{m}15$. Wir werden auf diese Werte später (S. 73) zurückkommen.

VIII. Die Genauigkeit der dynamischen Parallaxen

Bevor eine Gesamtübersicht der Ergebnisse dieser Arbeit gegeben wird, sei erst das Beispiel von δ Geminorum benutzt, um die mittleren **relativen** Fehler der abgeleiteten Parallaxe, ausgedrückt in $\%$, von π, zu ermitteln. Differenziert man (21) logarithmisch, so ergibt sich

$$\frac{d\pi}{\pi} = \frac{d\rho}{\rho} + \frac{dr}{r} + \frac{1}{3} \cdot \frac{d(-\ddot{x})}{-\ddot{x}} - \frac{1}{3} \cdot \frac{d(\mathfrak{M}_A + \mathfrak{M}_B)}{\mathfrak{M}_A + \mathfrak{M}_B}. \tag{33}$$

Hier sind $\dfrac{d\rho}{\rho}$ usw. die relativen Einflüsse der Unsicherheiten von ρ usw. auf die relative Unsicherheit von π. Die von $(\mathfrak{M}_A + \mathfrak{M}_B)$ wurden schon oben S. 48 abgeleitet, was nachher zu übernehmen ist. Bei Sternen, deren dynamische Parallaxen nach den neuen Vorschlägen abgeleitet werden sollen, wird als Ergebnis der Ausgleichung für ρ^2 der Wert von ρ_0 stets sehr sicher werden. So beträgt $\dfrac{d\rho}{\rho}$ bei δ Geminorum nur $0,34\%$ und $\dfrac{d\vartheta}{\vartheta}$ $2,0\%$, beides völlig verschwindend gegenüber anderen Unsicherheiten.

$d\,r$ und $d\,(-\ddot{x})$ hängen ab von den mittleren Fehlern der Koeffizienten der beiden ausgeglichenen Potenzreihen. Die Formeln (14)—(20) müssen also entsprechend differenziert und die mittleren Fehler der Koeffizienten nach dem Fehlerfortpflanzungsgesetz quadratisch zusammengefügt werden. (Diese einfachen Dinge brauchen hier nicht ausführlich angeführt zu werden.) Für δ Geminorum erhält man so den mittleren Fehler von $(-\ddot{x}) = \pm\,11,0\%$ und von $r = \pm\,11,3\%$. Fügt man noch die $\pm\,6\%$ hinzu, die von den zwei Grenzbedingungen her dem Ansatz anhaften (S. 62), so ist die relative Unsicherheit der Parallaxe, bedingt durch die der Positionsmessungen und das Verfahren selbst, $\pm\,17\%$, entsprechend $\pm\,0\overset{\text{m}}{,}34$ im Entfernungsmodul. Dies rührt in der Hauptsache davon her, daß die Koeffizienten B_1 und B_2 relativ große mittlere Fehler haben. δ Geminorum war aus dem in Wien gesammelten, schon ziemlich großen Material willkürlich herausgegriffen worden. Bei anderen Doppelsternen werden sich sicher noch größere mittlere Fehler ergeben. Wieder bei anderen kleinere. Diese dürften sich dann allerdings oft schon zu einer provisorischen Ableitung von Bahnelementen eignen nach den unten entwickelten Methoden.

Dieser natürlich nur für δ Geminorum giltige Wert ist zu vergleichen mit der auf S. 42 abgeleiteten Streuung der $a'' P^{-\frac{2}{3}}$ bei den dynamischen Parallaxen 1. Art, d. h. $\pm\,0\overset{\text{m}}{,}10$ bis $\pm\,0\overset{\text{m}}{,}30$, im Durchschnitt $\pm\,0\overset{\text{m}}{,}20$.

Hierzu kommen für beide Arten die Unsicherheiten von $(\mathfrak{M}_A + \mathfrak{M}_B)^{\frac{1}{3}}$. Für die Einflüsse der Meßfehler der scheinbaren Helligkeiten und Farbäquivalenten kann nach S. 46 $\pm\,2,0\%$ angesetzt werden; für die der Abweichung der individuellen $\varkappa\sqrt{\varepsilon}$ von der Eichkurve (S. 48) $\pm\,9,0\%$, quadratisch addiert also $\pm\,9,1\%$, entsprechend $\pm\,0\overset{\text{m}}{,}19$.

In kürzeste Form gebracht, läßt sich das Ergebnis der Arbeit wie folgt aussprechen:

1. Die für das Studium des Farbenhelligkeitsdiagramms usw. geforderte Genauigkeit von $\pm\,0\overset{\text{m}}{,}50$ und darunter im Entfernungsmodul

läßt sich bei visuellen Doppelsternen mit bekannten Bahnelementen (dynamische Parallaxen 1. Art) stets erreichen. Mit Einschluß aller, auch der astrophysikalisch bedingten Fehlerquellen liegen die mittleren Fehler der Moduli zwischen $\pm$ 0$\overset{m}{\cdot}$15 und $\pm$ 0$\overset{m}{\cdot}$32, je nach der Sicherheit von $a'' P^{-\frac{2}{3}}$ bzw. der der scheinbaren Flächenkonstanten.

2. Nach dem hier vorgeschlagenen Verfahren lassen sich auch aus Teilbahnbögen dynamische Parallaxen 2. Art ableiten, die die gewünschte Genauigkeit haben, im Gegensatz zu den älteren Verfahren. Bei δ Geminorum ist nach Einschluß auch der astrophysikalischen Einflüsse der mittlere Fehler des Moduls $\pm$ 0$\overset{m}{\cdot}$38.

Unter Heranziehen neuer Positionsmessungen wird man heute diesen Weg schon bei einigen hundert S t r u v e - Sternen usw. einschlagen können, um so die Einseitigkeiten zu verringern, die im Gesamtbild der visuellen Doppelsterne durch die Bevorzugung von Paaren mit Perioden unter 200 Jahren entstanden sind. Dabei sind, soweit nötig, die photometrischen und kolorimetrischen Werte der einzelnen Komponenten durch entsprechende Messungen noch zu bestimmen. Bevorzugt geeignet erscheinen Paare mit nachweislichen Distanzänderungen.

Die Warnung, die Methode bei unzureichendem Material nicht anzuwenden, sei zwar ausgesprochen, sie gilt aber schließlich für jede wissenschaftliche Arbeit.

IX. Dynamische Bahnbestimmung bei kurzen Bögen

Unter Hinweis auf die Ausführungen auf S. 58 sei aus der letzten Leipziger Arbeit noch folgendes übernommen, wobei die seitdem gemachten Erfahrungen anläßlich zahlreicher Bahnbestimmungen berücksichtigt wurden.

Nach Sammlung des Beobachtungsmaterials und Bildung von Normalorten verschiedenen Gewichts (S. 59) werden die Formeln (13), (17) bis (20) und anschließend (16) durchgerechnet. Es folgen

$$\ddot{\vartheta} = a_1 \cdot \dot{\vartheta}; \quad \bar{\rho} = a_2 - \frac{a_1{}^2}{4}; \quad \dddot{\rho} = -3\,\dot{\rho}\,;\ddot{\rho} \tag{34}$$

$$\dddot{x} = \ddot{\rho} - \dot{\rho}\,\dot{\vartheta}^2 - 2\,\dot{\vartheta}\,\ddot{\vartheta}; \quad \frac{\dot{r}}{r} = \frac{1}{3}\left(\dot{x} - \frac{\dddot{x}}{\ddot{x}}\right).$$

An Stelle der oben S. 61 eingeführten Grenzen für z, nämlich $z = 0$ und z aus (30) bzw. (31) lassen sich aus dem Energieintegral des Zweikörperproblems folgende, erheblich engere Grenzbedingungen ableiten.

Es muß sein mit

$$r^2 = 1 + z^2 \qquad (35) \qquad \text{und} \qquad k^2 = -\ddot{x} \cdot r^3 \qquad (36)$$

$$k^2 > \frac{r}{2}(\dot{\rho}^2 + \dot{\vartheta}^2 + \dot{z}^2) \qquad \text{die Parabelgrenze und} \quad (37)$$

$$k^2 < \frac{r(\dot{\rho}^2 + \dot{\vartheta}^2 + \dot{z}^2)}{\sqrt{1 + \left(\frac{\dot{r}}{r}\right)^2 \cdot (-\ddot{x})^{-1}}} \qquad \text{die Ellipsengrenze.} \qquad (38)$$

Die Ermittlung der Grenzen erfolgt in drei bis vier Näherungen (Rechenschieber!). Man beginnt zweckmäßig mit $z = \pm\,0{,}5$, gewinnt mit (35) und (36) Werte für r und k^2 und $\dot{z}$ aus

$$z\,\dot{z} = r\,\dot{r} - \dot{\rho}. \qquad (39)$$

Sind dann (37) und (38) erfüllt, so liefert der gewählte Wert von z eine brauchbare Bahn. Ist (37) nicht erfüllt, so ist der eingesetzte Wert von z zu groß. Bei Wiederholung der Rechnung mit z. B. $z = 0{,}3$ oder $0{,}1$ sieht man schnell, bei welchem z die Parabelgrenze erreicht wird. Analoges gilt für (38) wo bei Nichterfüllung z vergrößert werden muß.

Erfahrungsgemäß läßt sich so z und damit k^2 in recht enge Grenzen einschließen. k^2 ist aber proportional $a^3 \cdot P^{-2}$. Seine Unsicherheit geht mit der dritten Wurzel in die Parallaxenrechnung ein. Liegen z. B. die Grenzen für z bei $0{,}5$ und $0{,}8$, dann beträgt die hierdurch bedingte Unsicherheit der Parallaxe nur $\pm\,0{,}4\%$ oder $\pm\,0{,}^{m}08$ im Modul.

Mit einem passenden Mittelwert näher der Ellipsengrenze werden nun die Bahnelemente wie folgt gewonnen: Die Formeln (40) liefern i und p, sowie Ω in bezug auf den Positionswinkel zur Zeit t_0, d. h. $\Omega_0 = \Omega + \vartheta_0$.

$$k\,\sqrt{p}\,\cos i = \dot{\vartheta}$$

$$k\,\sqrt{p}\,\sin i\,\sin \Omega = -z \cdot \dot{\vartheta} \qquad (40)$$

$$k\,\sqrt{p}\,\sin i\,\cos \Omega = \dot{z} - z \cdot \dot{\rho}.$$

Die Formeln (41) geben e und die wahre Anomalie zur Zeit t_0 und ω.

$$e \sin v = \frac{1}{k} \sqrt{p} \cdot \dot{r}$$

$$e \cos v = \frac{p}{r} - 1 \tag{41}$$

$$\operatorname{tg}(v + \omega) = -\operatorname{tg}\Omega \sec i.$$

Mit e und den Allegheny-Tafeln [35] hat man auch sofort die mittlere Anomalie M_0. Schließlich führen die Formeln (42) in bekannter Weise zu den weiteren Bahnelementen.

$$a = \frac{p}{(1 - e^2)}$$

$$P^2 = \frac{1}{k^2} \cdot 4\pi^2 \cdot N^2 a^3$$

$$\mu = \frac{360°}{P} \tag{42}$$

$$T_0 = t_0 - \frac{M_0}{\mu}.$$

X. Die Systemkonstanten von δ Geminorum

Das in Tabelle 12 gesammelte Beobachtungsmaterial, kondensiert in den beiden Potenzreihen auf S. 65, schien auf Grund der Erfahrungen bei einer Reihe anderer langperiodischer Doppelsterne zu einer provisorischen dynamischen Bahnbestimmung nach dem oben entwickelten Verfahren geeignet. Seine Durchführung ergab als Grenzen bei einer Parabel bzw. Ellipse für z die Werte 0,15 und 0,23. Für die weitere Rechnung wurde $z = 0{,}20$ angenommen. Diese Grenzen sind natürlich praktisch die gleichen wie auf S. 66. Als Bahnelemente wurden erhalten: $a'' = 6{,}''540$, $e = 0{,}1100$, $P = 1200^a$, $T = 1437{,}0$, $i = 54{,}°50$, $\Omega = 16{,}°52$, $\omega = 52{,}°80$.

Damit werden die Beobachtungen so dargestellt, wie es Tabelle 12 in den Spalten $(B - R)$ für ϑ und ρ zeigt. Offenbar ist eine geringfügige Bahnverbesserung angebracht.

Meiner nun erst geäußerten Bitte entsprechend, hat Herr Prof. G. Schrutka das gesamte, überraschend reiche Beobachtungsmaterial seit dem Erscheinen des ADS aus den verschiedenen Veröffentlichungen zusammengestellt, wofür ihm auch hier gedankt sei. Es wurden anschließend Normalorte gebildet, die Positionswinkel wegen Präzession auf 1900,0 gebracht und die ρ und ϑ in x und y umgerechnet. So entstand im Zusammenhang mit dem früheren Material die Tabelle 13. In ihr bezeichnet n die Zahl der Beobachtungsnächte bzw. bei den mit

Tabelle 13

t	n	x	y	p	$(B-R)x$	$(B-R)y$	v_x	v_y
					0″,01	0″,01	0″,01	0″,01
1829,7	4	— 6″,82	— 2″,12	1	— 19	— 10	+ 7	+ 9
54,7	13	— 6,45	— 2,69	3	+ 5	— 20	+ 26	— 8
67,6	4	— 6,74	— 2,74	1	— 33	— 3	— 15	+ 6
73,8	2	— 6,44	— 2,91	1	— 3	— 11	+ 15	— 3
85,0	11	— 6,45	— 3,11	3	— 21	— 12	— 6	— 8
87,2	3	— 6,49	— 3,14	1	— 28	— 12	— 14	— 9
90,1	3	— 6,38	— 3,07	1	— 20	— 1	— 6	+ 1
96,5	15	— 6,31	— 3,08	4	— 21	+ 8	— 9	+ 9
99,9	4	— 6,41	— 3,18	1	— 12	+ 2	— 1	+ 1
1904,5	3	— 6,15	— 3,27	1	— 14	0	— 3	— 2
05,0	30	— 6,19	— 3,25	6	— 20	+ 3	— 10	+ 1
10,6	25	— 5,99	— 3,34	5	— 8	+ 2	+ 1	— 2
16,4	12	— 5,87	— 3,39	3	— 4	+ 5	+ 4	0
23,7	32	— 5,82	— 3,51	5	— 11	+ 1	— 5	— 7
26,6	8	— 5,34	— 3,22	2	— 34	+ 35	— 29	+ 27
28,2	8	— 5,66	— 3,24	2	— 1	+ 35	+ 4	+ 26
29,7	6	— 6,18	— 3,65	1	+ 44	— 5	+ 49	— 14
31,9	6	— 5,57	— 3,62	2	+ 2	+ 2	+ 6	— 8
32,1	9	— 5,56	— 3,34	2	0	+ 33	+ 4	+ 23
34,2	3	— 5,58	— 3,61	1	— 4	+ 5	0	— 5
36,2	2	— 5,62	— 3,69	1	— 12	— 1	— 9	— 12
37,2	11	— 5,52	— 3,53	3	— 2	+ 17	+ 1	+ 5
38,1	5	— 5,71	— 3,80	1	— 24	— 9	— 21	— 21
43,2	12	— 5,45	— 3,58	3	— 6	+ 19	— 4	+ 6
45,2	4	— 4,99	— 3,86	1	+ 37	— 7	+ 39	— 21
48,0	3ph	— 5,28	— 3,71	4	+ 2	+ 11	+ 3	— 3
50,6	4ph	— 5,26	— 3,74	4	— 1	+ 11	— 1	— 4
52,1	4ph	— 5,21	— 3,75	4	+ 1	+ 12	+ 1	— 3
53,6	5ph	— 5,18	— 3,75	4	+ 1	+ 13	0	— 3
59,2	2	— 4,76	— 3,77	1	+ 32	+ 17	+ 32	0

ph gekennzeichneten Orten die Zahl der photographischen Platten, p das Gewicht der Koordinaten bei der folgenden Ausgleichung.

Aus obigen Bahnelementen wurden die Thiele-Innes-Konstanten abgeleitet und mit den Johannesburger Tafeln [36] die Ephemeridenwerte für x und y ermittelt. Die Spalten $(B — R)$ in Tabelle 13 geben dann die Differenzen Beobachtungen minus Ephemeride, die in beiden Koordinaten einen deutlichen Gang aufweisen.

Gewiß ist es richtig, bei relativ engen und kurzperiodischen Bahnen lediglich die Positionswinkel nach der Methode der kleinsten Quadrate zu behandeln, vorausgesetzt, daß schon brauchbare Bahnelemente die Ausgleichung überhaupt erlauben. Die Distanzen werden dabei am Schluß der Rechnung nur zur definitiven Ableitung von a'' herangezogen (Vorschläge dazu siehe unter anderem [11], S. 18). Hier ist es aber unbedingt geboten, ϑ und ρ zusammen auszugleichen, was nach den Vorschlägen von van den Bos [37] am durchsichtigsten und einfachsten über die rechtwinkeligen Koordinaten geschieht.

Bei einem Teilbahnbogen werden die Koeffizienten der Fehlergleichungen sich nur relativ wenig ändern, zum Teil fast gleichartig, so daß bei der Auflösung der Normalgleichungen eine Trennung der verschiedenen Unbekannten nicht möglich wird. Man wird also auf die Verbesserung einiger Elemente von vornherein verzichten müssen. Dementsprechend wurden zunächst für 1829, 1880 und 1959 die zweimal

Tabelle 14

$P = 1200^a$	$A = + 2''\!,756$
$n = 0,3000$	$F = - 6,099$
$T = 1437$	$B = + 3,694$
$a = 6''\!,898$	$G = + 0,235$
$e = 0,1100$	
$i = 63°\!,28$	
$\Omega = 18°\!,38$ (1900,0)	
$\omega = 57°\!,19$	

fünf Koeffizienten der Fehlergleichungen ermittelt und ihre Änderung mit der der $(B — R)$ verglichen. Es zeigte sich deutlich, daß es nur zweckmäßig ist, A, F, B und G zu verbessern, dagegen P, e und T ungeändert zu lassen. In der nachstehenden Tabelle 14 sind die Elemente nach dieser Ausgleichung zusammengestellt. Die Spalten v in Tabelle 13 zeigen die Darstellung der Beobachtungen, die im ganzen befriedigen kann. Zwar fallen zwei oder drei Normalorte heraus und treiben so den mittleren Fehler der Gewichtseinheit in die Höhe. Man hätte sie zwar schon vor der Ausgleichung streichen können, es sei aber dahingestellt, ob man dann der Wahrheit wirklich näher kommt. Tabelle 15 zeigt die übliche Ephemeride, giltig für das Aequinox 1900,0.

Tabelle 15

t	ϑ (1900,0)	ρ	x	y
1960,0	218°,0	6″,40	— 5″,043	— 3″,939
1970,0	219,6	6,25	— 4,816	— 3,986
1980,0	221,3	6,10	— 4,580	— 4,027
1990,0	223,1	5,94	— 4,334	— 4,060
2000,0	225,0	5,77	— 4,080	— 4,084

Da das benutzte Beobachtungsmaterial bis 1959 reicht, dürfte es erst in zwei bis drei Jahrzehnten zweckmäßig sein, neue und dann bessere Bahnelemente abzuleiten, wofür vor allem photographische Positionsbestimmungen wichtig sind. Von den Bahnelementen sind i und Ω schon jetzt recht gesichert. Angesichts der Kleinheit von e sind dagegen ω und T, die miteinander verkoppelt sind, noch unsicher, desgleichen e selbst. Bei einer künftigen Bahnbestimmung ist es möglich, daß sich e, vor allem aber a'' und P ähnlich stark ändern, wie es die ersten Tabellen der Arbeit zeigen. Wenig wird sich aber dann $\dfrac{a^3}{P^2}$ ändern, da schon jetzt die Flächenkonstante bei der relativ hohen Genauigkeit von ρ ($\pm$ 0,3 %) und ϑ ($\pm$ 2,0 %) gut gesichert ist.

Damit kommen wir zur Berechnung der dynamischen bzw. strahlungsenergetischen Parallaxe und der weiteren Systemkonstanten, wobei die astrophysikalischen Daten von S. 64 herangezogen wurden. In gewohnter Art ergab sich folgendes:

$$\pi = 0{,}''0434, \qquad m - M = + 1{,}^m82, \qquad a = 159 \ \text{AE}$$

*	$\mathfrak{M}$	M	R	g	δ
A	2,05	+ 1,^{m}71	4,3	0,11	0,025
B	0,73	+ 6,^{m}16	2,0	0,18	0,086

Die Differenzen der Werte π, a'', $m — M$ gegenüber denen von S. 66 bzw. denen des neuen Verfahrens, aus Teilbögen dynamische Parallaxen zweiter Art abzuleiten, liegen innerhalb der auf S. 67 durchgeführten Genauigkeitsabschätzung. In obiger Tabelle sind Radius R, Schwerebeschleunigung g und mittlere Dichte δ in Einheiten der Sonne gegeben. Trägt man für beide Komponenten die Werte für M und den Farbenindex (S. 64) in ein FHD ein, so ergibt sich, daß die hellere Komponente zur Leuchtkraftklasse III, die schwächere zur Klasse IV—V gehört. Diese Lage im FHD sowie die Massen, Radien und Dichten legen im Sinne gewisser moderner Theorien den Gedanken nahe, daß beide Sterne sich unter Zunahme von R und M seit einigen 10^9 Jahren von der Hauptreihe im Diagramm nach rechts oben entwickelt haben. Ihre Raumgeschwindigkeiten relativ zur Sonne sind zu klein, als daß man sie als Schnelläufer zur Population II rechnen könnte. Dem physischen Verhalten nach wäre es durchaus möglich, besonders im Hinblick auf die Ausführungen von A. Sandage ([31], S. 290—297). Sie würden dann zu den als besonders alt diskutierten Objekten gehören, wie δ Eridani, μ Herculis A, ζ Herculis A usw.

Zum Schluß auch hier einige Überlegungen bezüglich der noch verbleibenden Unsicherheiten. Die relativen mittleren Fehler von ρ und ϑ verursachen zwar in π nur $\pm 1{,}4\%$ Unsicherheit. Doch dürfte insgesamt der dynamische Teil der Bahnbestimmung nur auf etwa 5% gesichert sein. Setzen wir noch den Einfluß der astrophysikalischen Beobachtungsunsicherheit (S. 46) zu $\pm 2\%$ an, so wäre die damit gewonnene Parallaxe auf $\pm 5{,}2\%$ genau. Es bleibt als Hauptunsicherheit die von $\log \varkappa \sqrt{\varepsilon}$ (siehe S. 48) mit $8{,}3\%$, d. h. die der kosmischen Streuung der Masse-Leuchtkraft-Beziehung. Damit wird insgesamt der mittlere Fehler der errechneten Parallaxe $\pm 8{,}8\%$ oder $0{\stackrel{m}{.}}18$ im Entfernungsmodul, durchaus genügend klein zur Diskussion der Lage der Komponenten im HRD!

XI. Die Systemkonstanten von ADS 8128

Für dieses Paar lagen bisher folgende Angaben vor:

ADS 8128 $=$ BDS 5739 $= \Sigma$ 1527 $=$ BD $+ 15°2321$; $11^h 16{\stackrel{m}{.}}4 + 14°33'$ (1950); EB $= 0{\stackrel{\prime\prime}{.}}165$ in $161{\stackrel{°}{.}}8$; Spektrum d F 7; RG $= + 23{,}5$ km/sec (Wilson); ferner aus der Wiener Doppelstern-Kolorimetrie: $m_A =$

$$= + 6{,}97; \quad m_B = + 7{,}97; \quad \mathrm{FI}_A = + 0\overset{m}{,}52; \quad \mathrm{FI}_B = + 0\overset{m}{,}51; \quad \frac{c_2}{T_A} = 2{,}21;$$

$$\frac{c_2}{T_B} = 2{,}20; \quad \pi_d \text{ nach Russell } 0\overset{''}{,}018 \text{ g, nach Jackson und Furner } 0\overset{''}{,}020.$$

ADS 8128 ist ein gutes Beispiel dafür, wie der Faktor „Zeit" ausschlaggebend für die Erweiterung unserer Kenntnisse ist. Zuerst von F. W. Struve 1829 gemessen, zeigt das Paar bis 1910 nur sehr geringe Änderungen in den PW und ρ auf. Wohl war die gemeinsame Eigenbewegung schon damals ein Beweis dafür, daß es sich um kein optisches Paar handelt. Auch bis 1930 ändert sich hieran nicht viel. Daher können

Tabelle 16

Nr.	t	ϑ	ρ	x	y	n	p	v_x	v_y
1	2	3	4	5	6	7	8	9	10
				+	+			$0\overset{''}{,}01$	$0\overset{''}{,}01$
1	1829,3	10,5	3,88	3,52	0,65	4	1	− 8	− 3
2	43,0	11,4	3,48	3,41	0,69	3	1	− 18	− 7
3	66,3	13,7	3,65	3,54	0,86	3	1	+ 3	0
4	75,3	14,4	3,43	3,32	0,85	4	1	− 12	− 5
5	80,7	15,0	3,47	3,36	0,90	3	1	− 5	− 2
6	84,2	14,6	3,61	3,49	0,91	5	1	+ 11	− 1
7	89,5	16,8	3,75	3,59	1,08	1	1	+ 27	+ 14
8	90,5	15,7	3,54	3,41	0,96	18	3	+ 10	+ 1
9	93,4	18,5	3,73	3,54	1,18	3	1	+ 26	+ 22
10	97,3	16,8	3,52	3,37	1,02	3	1	+ 13	+ 5
11	1903,3	18,0	3,31	3,15	1,02	4	1	− 1	+ 4
12	04,0	15,8	3,43	3,21	0,94	11	2	+ 16	− 4
13	09,3	17,8	3,19	3,04	0,97	23	4	− 3	− 2
14	16,3	17,4	3,69	3,52	1,11	3	1	(+ 56)	(+ 12)
15	18,7	18,7	3,11	2,94	1,00	28	5	+ 2	0
16	20,8	18,7	3,12	2,95	1,00	13	2	+ 5	0
17	24,9	19,8	2,94	2,77	1,00	27	5	− 4	0
18	28,2	18,7	2,88	2,72	0,93	14	3	− 3	− 7
19	30,8	20,7	2,83	2,64	1,00	23	5	− 5	0
20	35,3	21,4	2,73	2,54	1,00	14	3	− 5	0
21	38,1	22,2	2,70	2,50	1,02	26	5	− 3	+ 2
22	41,9	22,6	2,51	2,32	0,96	9	2	− 12	− 3
23	48,3	22,7	2,43	2,24	0,94	10	2	− 10	− 4
24	51,3	24,2	2,35	2,14	0,96	11	2	− 6	− 1
25	58,2	24,8	2,34	2,12	0,98	5	1	+ 11	+ 3

sowohl die von Jackson und Furner wie die von Russell und Moore abgeleiteten dynamischen Parallaxen — ganz abgesehen von der Problematik ihrer Methoden — nicht als verläßlich betrachtet werden. Heute ist infolge der stärkeren scheinbaren Bewegung das Paar zur Möglichkeit einer guten dynamischen Parallaxe und einer ersten Bahnbestimmung „herangereift". Zur Erstellung der folgenden Tabelle 16 wurden der ADS und BDS herangezogen. Ferner hat dankenswerterweise Herr Prof. Dr. G. Schrutka der Literatur alle die zahlreichen Messungen aus neuerer Zeit entnommen. Zu ihnen gehören noch zwei Beobachtungen, die ich am hiesigen großen Refraktor mit einem Muller-Mikrometer erhalten habe, und zwar:

$$1959{,}237 \qquad 28{,}^{\circ}05 \qquad 2{,}''298 \qquad 2\,n.$$

Die einzelnen Beobachtungen wurden anschließend zu 25 Normalorten zusammengefaßt und die PW auf das Äquinox 1900,0 gebracht. Die Spalten der Tabelle 16 geben nacheinander: (1) die Nummer des Normalortes, (2) die Epoche, (3) die beobachteten PW, (4) die beobachteten Distanzen, (5) und (6) dasselbe in rechtwinkeligen Koordinaten, (7) die Zahl der Beobachtungsnächte eines Normalortes, (8) das diesem bei der Ausgleichung zugewiesene Gewicht, (9) und (10) die Differenzen der beobachteten x und y gegen die aus dem letzten Elementensystem errechneten Werte.

Entsprechend den obigen Formeln (18) und (20) erhält man durch Ausgleichung mit Gewichten

$$\rho^2 = 12{,}303 - 4{,}980 . \tau - 3{,}21 . \tau^2$$
$$\pm\,0{,}026 \quad \pm\,0{,}538 \quad \pm\,0{,}83 \qquad \text{m. F.}$$

m. F. der Gewichtseinheit $\pm\,1{,}238$, entsprechend $\pm\,0{,}''318$

$$\vartheta = 15{,}^{\circ}82 + 6{,}^{\circ}870 . \tau'$$
$$\pm\,0{,}21 \quad \pm\,0{,}329 \qquad \text{m. F.}$$

m. F. der Gewichtseinheit $\pm\,1{,}^{\circ}05$, entsprechend $\pm\,0{,}''064$

$$\rho_0 = 3{,}''5076 \pm 0{,}''0037 \qquad \text{m. F.}$$

Dabei wurde $t_0 = 1890{,}0$ und $N = 70$ Jahre gesetzt. Da der Koeffizient von τ^2 verhältnismäßig gesichert ist, konnte eine Bahnrechnung durchgeführt werden. Es ergab sich:

$$a'' = 4{,}''579 ; \quad e = 0{,}446 ; \quad P = 1148^a ; \quad T = 2006{,}5 ; \quad i = \pm 78{,}°18 ;$$
$$\Omega = 16{,}°78 ; \quad \omega = 100{,}°09.$$

Mit diesen Elementen wurden die x und y der Tabelle 16 bereits recht gut dargestellt, bis auf Normalort Nr. 14, der in ρ völlig von seinen Nachbarn abweicht und deshalb auch weiterhin ausgeschlossen wurde. Es handelt sich um drei Beobachtungen von R. Jonckheere in Greenwich.

Wie bei δ Geminorum (s. o.) wurde mit dem Ansatz von van den Bos noch eine Bahnverbesserung durchgeführt. Wie zu erwarten war, zeigte sich dabei, daß es noch zu früh ist, P, T und e zu verbessern. So entstand folgendes Elementensystem:

$$a'' = 4{,}''590 ; \quad e = 0{,}45 ; \quad P = 1148^a ; \quad T = 2006{,}5 ; \quad i = 80{,}°07 ;$$
$$\Omega = 16{,}°30 \quad (1900{,}0); \quad \omega = 78{,}°98 \quad \text{entstanden aus}$$

$$A = -\, 0{,}''6396 \pm 0{,}''095 \ \text{m. F.}$$
$$F = -\, 4{,}''3664 \pm 0{,}''040 \ \text{m. F.}$$
$$B = +\, 1{,}''1158 \pm 0{,}''051 \ \text{m. F.}$$
$$G = -\, 1{,}''1461 \pm 0{,}''022 \ \text{m. F.}$$

Mit ihm wurde die nachstehende Tabelle 17, giltig für 1900,0, berechnet. Danach wird das System in den nächsten Jahrzehnten rasch enger und es könnte noch vor 2000 möglich sein, vor allem P, a'' und e besser als gegenwärtig zu berechnen.

Tabelle 17

t	ϑ	ρ
1960	25{,}°5	2{,}''20
1970	28,3	1,90
1980	32,2	1,58
1990	38,7	1,24
2000	48,7	0,90

Für die Berechnung der strahlungsenergetischen Parallaxen 1. Art wird mit obigen Elementen der dynamische Ansatz: $3 \log \pi = -\log (\mathfrak{M}_A + \mathfrak{M}_B) - 4{,}135$. Andererseits geben die Koeffizienten der Ausgleichung von ρ^2 und ϑ zusammen mit obigen Formeln (21), (30) und (31) für den verbesserten Ansatz von Jackson und Furner (dynamische Parallaxen 2. Art): $3 \log \pi = -\log (\mathfrak{M}_A + \mathfrak{M}_B) - 4{,}141$, d. h. prak-

tisch das gleiche. Es wurde mit dem genaueren ersten Wert weiterge-
rechnet, wobei die obigen Angaben für die scheinbaren Helligkeiten und
$\frac{c_2}{T}$.Werte eingesetzt wurden. Man erhält dann $\pi = 0{,}0344$, also fast den
doppelten Betrag der von Russell abgeleiteten Parallaxe, die nach Lage
der Dinge nur sehr unsicher sein kann. Damit wird $a = 133$ AE und
die EB $= 24{,}5$ km/sec. Die weiteren Konstanten für die Komponenten
gibt in der üblichen Bezeichnungsweise die nachstehende kleine Übersicht. Danach sind beide Komponenten also normale Hauptreihensterne.

*	$\mathfrak{M}$	M	R	g	δ
A	1,02	$+ 4^{\mathrm{m}}65$	0,86	1,4	1,6
B	0,78	$+ 5^{\mathrm{m}}65$	0,55	2,6	4,7

XII. Die Systemkonstanten von ADS 5197

Hier liegen folgende Angaben vor:

ADS $5197 = $ BDS $3460 = \Sigma\ 932 = $ BD $+14°1344$; $6^{\mathrm{h}}31^{\mathrm{m}}5 + 14°48'$
$(195{,}0)$; F 5; π_d (Russell) $= 0{,}017$; π_d (Jackson) $= 0{,}018$.

Aus der Wiener Kolorimetrie $m_A = 8^{\mathrm{m}}03$; $\mathrm{FI}_A = +0^{\mathrm{m}}69$; $\dfrac{c_2}{T_A} = 2{,}62$;

$$m_B = 8^{\mathrm{m}}39; \quad \mathrm{FI}_B = +0^{\mathrm{m}}68; \quad \frac{c_2}{T_B} = 2{,}59.$$

ADS 5197 ist in mancher Art ein Parallelfall zum vorher behandelten
ADS 8128. Die Sammlung des Beobachtungsmaterials erfolgte gleichfalls mit Unterstützung von Herrn Prof. Dr. G. Schrutka. Es ist in
Tabelle 18 schon zu Normalorten zusammengefaßt. Der letzte entspricht
zwei noch nicht veröffentlichten Messungen des Verfassers. Eine Zeichnung des Bahnbogens ergibt, daß die letzten Messungen und die von
F. W. Struve (1830) für die Kennzeichnung der Bahn besonders wichtig
sind. Die Spalten der Tabelle entsprechen denen der Tabelle 16.

Zur Ableitung der Bahnelemente wurde $t_0 = 1890{,}0$, $N = 70$ gewählt. Bei der Ausgleichung der ρ^2 wurden die schwachen Normalorte
Nr. 11, 17 und 27 als gegenüber den Nachbarn und dem Verlauf der
scheinbaren Bahn völlig herausfallend fortgelassen. Wohl konnten sie
bei der Ausgleichung der ϑ mitgenommen werden.

Tabelle 18

Nr.	t	ϑ	ρ	x	y	n	p	v_x		v_y	
1	2	3	4	5	6	7	8	9		10	
1	1830,5	342°,1	2″,43	$+$ 0″,75	$-$ 2″,31	3	1	$-$	0″,13	$+$	0″,07
2	63,8	333,8	2,26	$+$ 1,00	$-$ 2,03	4	1	$-$	1	$+$	21
3	76,1	332,8	2,23	$+$ 1,02	$-$ 1,98	5	1	$-$	3	$+$	7
4	83,8	327,3	2,30	$+$ 1,24	$-$ 1,94	2	1	$+$	16	$+$	4
5	86,2	328,6	2,09	$+$ 1,09	$-$ 1,78	17	3		0	$+$	19
6	90,6	329,0	2,24	$+$ 1,16	$-$ 1,92	3	1	$+$	6	$+$	2
7	93,2	328,1	2,34	$+$ 1,24	$-$ 1,99	3	1	$+$	12	$-$	7
8	1903,1	326,6	2,07	$+$ 1,14	$-$ 1,73	14	3		0	$+$	10
9	06,8	327,1	2,14	$+$ 1,16	$-$ 1,80	21	4	$+$	1		0
10	12,5	324,1	2,06	$+$ 1,20	$-$ 1,67	5	1	$+$	3	$+$	9
11	20,8	326,4	(2,52)	($+$ 1,37)	($-$ 2,10)	27	5	$-$		$-$	
12	23,2	324,5	2,05	$+$ 1,19	$-$ 1,67.	4	1	$-$	2	$-$	1
13	27,1	322,3	1,91	$+$ 1,17	$-$ 1,51	2	1	$-$	5	$+$	12
14	28,6	322,7	2,05	$+$ 1,24	$-$ 1,63	8	2	$+$	2	$-$	1
15	30,5	323,3	1,88	$+$ 1,12	$-$ 1,51	9	2	$-$	10	$+$	9
16	31,9	326,7	2,09	$+$ 1,13	$-$ 1,75	9	2	$-$	10	$-$	16
17	32,1	321,9	(1,65)	($+$ 1,02)	($-$ 1,30)	4	1	$-$		$-$	
18	36,2	321,7	2,03	$+$ 1,26	$-$ 1,60	6	2	$+$	2	$-$	5
19	37,8	320,5	2,03	$+$ 1,29	$-$ 1,56	6	2	$+$	5	$-$	2
20	37,8	321,6	1,96	$+$ 1,22	$-$ 1,63	ph	10	$-$	2	$-$	9
21	39,1	319,3	1,95	$+$ 1,27	$-$ 1,48	6	2	$+$	2	$+$	5
22	39,2	318,7	1,98	$+$ 1,31	$-$ 1,49	6	2	$+$	6		0
23	39,8	321,5	1,99	$+$ 1,24	$-$ 1,56	ph	5	$-$	1	$-$	4
24	41,2	319,4	1,94	$+$ 1,26	$-$ 1,47	9	2	$+$	1	$+$	4
25	41,5	320,4	1,97	$+$ 1,25	$-$ 1,52	6	2		0	$-$	2
26	42,2	320,5	1,97	$+$ 1,25	$-$ 1,52	3	1	$-$	1	$-$	2
27	49,6	318,8	(1,62)	($+$ 1,01)	($-$ 1,23)	5	1	$-$		$-$	
28	52,3	318,1	1,96	$+$ 1,31	$-$ 1,45	3	1	$+$	4	$-$	2
29	59,2	315,7	1,77	$+$ 1,23	$-$ 1,27	2	1	$-$	7	$+$	8

Es ergab sich dann:

$$\rho^2 = 4{,}798 - 1{,}241 \cdot \tau \qquad\text{und}\qquad \vartheta = 329{,}6 - 11{,}36 \cdot \tau'$$
$$\pm\, 0{,}079 \ \pm 0{,}132 \ \text{m. F.} \qquad\qquad\qquad \pm\, 0{,}5 \quad \pm 0{,}75 \ \text{m. F.}$$
$$\rho_0 = 2″{,}190 \pm 0″{,}020 \ \text{m. F.}$$

m. F. der Gewichtseinheit in $\rho = \pm\, 0″{,}050$

m. F. der Gewichtseinheit in $\vartheta = \pm\, 2°{,}1 = \pm\, 0″{,}080.$

Beide Koordinaten sind also fast gleich genau.

Im weiteren Verlauf der Rechnung erwies es sich, daß $z = + 0,5$ beide Grenzkriterien erfüllt und auch nahe der Ellipsengrenze liegt. Die Fortsetzung führte zu folgendem ersten Elementensystem:

Tabelle 19

	vorläufig	definitiv	
a''	$3{,}''0239$	$3{,}''366$	$A = + 1{,}''678$
e	$0,2000$	$0,2000$	$F = - 0,685$
P	2360^a	2360^a	$B = + 1,472$
μ	$0,15200$	$0,15200$	$G = + 2,846$
T	2215	2215	
i	$128{,}^\circ82$	$124{,}^\circ14$	
ω	$124{,}^\circ78$	$119{,}^\circ73$	
Ω_0	$263{,}^\circ22$	$265{,}^\circ76$	

In üblicher Art wurden die x und y gerechnet, anschließend mit den beobachteten Werten verglichen und nach den Vorschlägen von van den Bos ausgeglichen. So entstand das zweite Elementensystem in Tabelle 19, das die Beobachtungen befriedigend darstellt, wie die letzten Spalten der Tabelle 18 zeigen. Tabelle 20 gibt eine für das Äquinox 1900,0 giltige Ephemeride.

Tabelle 20

Jahr	ϑ	ρ	x	y
1960	$315{,}^\circ9$	$1{,}''87$	$+ 1{,}''30$	$- 1{,}''34$
1970	$313,3$	$1,81$	$+ 1,32$	$- 1,25$
1980	$310,7$	$1,77$	$+ 1,34$	$- 1,15$
1990	$307,8$	$1,72$	$+ 1,36$	$- 1,06$
2000	$304,9$	$1,68$	$+ 1,38$	$- 0,96$

Tabelle 21 gibt die in üblicher Weise mit den oben angeführten Wiener photometrisch-kolorimetrischen Daten ermittelten Massen, strahlungsenergetische Parallaxe usw.

Tabelle 21

$$\pi = 0{,}''0140 \quad \text{entsprechend } 71 \text{ pc}, \quad m - M = + 4{,}^m27, \quad a = 240 \text{ AE}$$

$*$	$\mathfrak{M}$	M	R	g	δ	Kl.
A	$1,29$	$+ 3{,}^m76$	$1,91$	$0,35$	$0,18$	IV
B	$1,18$	$+ 4{,}^m12$	$1,59$	$0,47$	$0,29$	IV—V

XIII. Die Systemkonstanten von ADS 14573

Die allgemeinen Angaben lauten hier:

$$\text{ADS } 14573 = \text{BDS } 10685 = \Sigma\ 2744 = \text{BD} + 0°{,}4648; \quad 21^{h}\ 0^{m}5 + 1°20'$$

(1950,0); Spektrum F 5; EB $0''{,}143$ in $255°$; nach der Wiener Photo-kolorimetrie: $m_A = 7^{m}{,}16$; $m_B = 7^{m}{,}59$; $\dfrac{c_2}{T_A} = 2{,}24$; $\dfrac{c_2}{T_B} = 2{,}61$; $\text{FI}_A = = + 0^{m}{,}53$; $\text{FI}_B = + 0^{m}{,}73$; π_d (Jackson) $= 0''{,}021$; π_d (Russell) $= = 0''{,}016$.

ADS 14573 gehört zu den dreizehn Paaren, die kürzlich O. Nys in Brüssel-Uccle [38] näher untersucht hat. Sehr zu begrüßen ist die ausführliche Mitteilung der jeweils vorliegenden Beobachtungen nebst Literaturangaben. Nys und auch Dommanget [38] sind der Ansicht, daß es sich in allen Fällen um physische Paare handeln könnte. Nys hat auf Anregung von Arend die beobachtete Relativbewegung als differentielle Eigenbewegung aufgefaßt und entsprechend ausgeglichen. Die Differenzen der von zehn zu zehn Jahren gemittelten Beobachtungen gegenüber dieser ausgleichenden Geraden haben aber in fast allen der dreizehn Fälle einen derartig systematischen Verlauf, daß ein Bogen, d. h. eine reelle Bahn das Wahrscheinlichere ist. Man sieht es auch an den für jedes Paar gegebenen graphischen Dar-stellungen der Einzelbeobachtungen. Vor allem aber haben alle drei-zehn Paare Gesamteigenbewegungen, die die relativen um ein viel-faches übertreffen, bei ADS 14573 z. B. um das zwölffache. Die Brüs-seler Paare sind eigentlich alle Muster für Common Proper Motions und schon deshalb als physische Paare erwiesen.

Diese dreizehn Objekte erscheinen recht gut geeignet zur Ablei-tung provisorischer Bahnelemente durch das hier geschilderte Ver-fahren. Jedenfalls erlauben sie die Berechnung guter dynamischer Parallaxen und auch die der physikalischen Konstanten (hierfür müssen in Wien zum Teil noch einige photometrisch-kolorimetrische Messungen gemacht werden). Es ist daher beabsichtigt, alle diese Paare hier entsprechend zu untersuchen.

ADS 14573 ist der erste Fall. Für ihn liegt ein fast überreiches Beobachtungsmaterial vor (577 Nächte). Dabei streuen die Messungen zum Teil recht erheblich, so daß in der Zeichnung von O. Nys der

Bahnbogen nicht so deutlich hervortritt, wie bei den zwölf anderen Paaren. Trotzdem führte die Rechnung auf sehr „vernünftige" Werte für die Bahnelemente, Parallaxe usw., ein weiteres, eigentlich nicht mehr nötiges Argument dafür, daß es sich wirklich nicht um ein optisches Paar handelt.

Die 187 von Nys gesammelten Beobachtungssätze können auf Grund eigener Messungen durch folgende Zeile ergänzt werden:

$$\text{Nr. } 188 \qquad 1959{,}169 \qquad 141{,}3 \qquad 1{,}553 \qquad 2\,n.$$

Das Material wurde in passender Weise zu 20 Normalorten in Tabelle 22 zusammengefaßt, deren Spalten keiner Erklärung bedürfen. Dabei wurden die vereinzelten Messungen Nr. 70 und 87 des Kataloges

Tabelle 22

Nr.	n	p	t	$\vartheta\ 1900{,}0$	ρ	$(B-R)_\vartheta$	$(B-R)_\rho$
1	5	1	1830,2	190°,81	1″,53	− 0°,89	− 0″,06
2	9	1	43,5	187,54	1,73	+ 0,87	+ 15
3	15	1	61,2	180,11	1,47	+ 0,36	− 9
4	12	1	75,2	173,48	1,51	− 0,65	− 3
5	23	2	82,3	171,74	1,53	+ 0,50	0
6	48	5	89,3	168,50	1,45	+ 0,34	− 6
7	18	2	95,5	167,84	1,43	+ 2,15	− 7
8	21	2	98,6	164,66	1,53	+ 0,11	+ 3
9	26	2	1903,6	161,71	1,47	− 0,61	− 2
10	21	2	09,1	159,69	1,50	− 0,55	+ 2
11	16	2	13,7	158,57	1,35	+ 1,30	− 12
12	28	3	21,8	154,71	1,48	+ 0,56	+ 2
13	40	4	25,5	152,35	1,53	− 0,10	+ 8
14	38	4	29,8	150,91	1,49	+ 0,01	+ 5
15	44	4	36,5	146,36	1,52	− 1,09	+ 8
16	56	5	41,8	144,85	1,48	+ 1,66	+ 5
17	41	4	47,0	142,10	1,48	− 0,42	+ 5
18	51	5	51,6	139,35	1,42	− 0,99	− 1
19	28	3	54,3	137,90	1,34	− 1,15	− 8
20	37	4	56,4	137,51	1,38	− 0,56	− 4

von Nys als zu stark herausfallend gestrichen. Eine Zeichnung der Normalörter ergab eine deutliche Bahnkrümmung. Es wurden wieder $t_0 = 1890{,}0$ und $N = 70$ gewählt. Die Ausgleichung ergab dann:

$$\rho^2 = 2{,}2358 - 0{,}2392 \cdot \tau; \quad \rho = 1{,}''4953$$
$$\pm\, 0{,}0059 \pm 0{,}0940 \qquad\qquad \pm\, 0{,}0032 \quad \text{m. F.}$$
$$\vartheta = 167{,}°92 - 29{,}°475 \cdot \tau'$$
$$\pm\, 0{,}33 \pm 0{,}502 \qquad \text{m. F.}$$

Die Flächenkonstante und, soweit von ihr abhängig, die unten mitgeteilte Parallaxe ist damit recht gut gesichert. Die anschließende Bahnbestimmung bot keinerlei Schwierigkeiten, es wurden folgende Elemente erhalten:

$$
\begin{aligned}
a'' &= 3{,}''740 \\
e &= 0{,}5800 \\
P &= 3055^{a} \\
\mu &= 0{,}11783 \\
T &= 1868{,}0 \\
i &= 136{,}°09 \\
\omega &= 12{,}°58 \\
\Omega &= 186{,}°18
\end{aligned}
$$

Wie die letzten Spalten der Tabelle 22 zeigen, werden die Normalörter dadurch recht befriedigend dargestellt. Es erübrigt sich eine weitere Ausgleichung.

Tabelle 23 gibt eine kurze Ephemeride, giltig für das Äquinox 1900,0.

Tabelle 23

t	ϑ	ρ
1960	136,°4	1,″42
1980	126,8	1,43
2000	117,5	1,44

In üblicher Weise ergeben sich die weiteren Systemkonstanten wie folgt:

$$\pi = 0{,}''0121, \quad m - M = +\,4{,}61, \quad a = 315 \text{ AE}, \quad \text{EB} = 56 \text{ km/sec}$$

$*$	$\mathfrak{M}$	M	R	g	δ	Kl.
A	1,65	$+\,2{,}^{m}55$	2,35	0,30	0,13	IV
B	1,53	$+\,2{,}^{m}95$	2,78	0,20	0,07	IV

XIV. Die Systemkonstanten von ADS 8162

Zunächst wieder die allgemeinen Angaben:

ADS 8162 = BDS 5779 = 83 Leonis = Σ 1540 = BD $+\,3{,}°2502 + 3{,}°2503$; $10^{h}\,24^{m}3 + 3°17'$ (1950,0); EB $0{,}''742$ in $283{,}°5$; RG $-\,2{,}9$ und

$+ 1{,}7$ km/sec; Spektrum $d\,\mathrm{K}\,0$ und $d\,\mathrm{K}\,5$; $6^{\mathrm{m}}18$ und $7^{\mathrm{m}}08$; Farbwerte $+ 0^{\mathrm{m}}45$ $+ 0^{\mathrm{m}}82$ bzw. $\dfrac{c_2}{T} = 2{,}27$ und $2{,}73$.

Parallaxenangaben: $\pi_d = 0{,}032''\,g$ (Russell); $\pi_{sp} = 0{,}040''$; $\pi_{tr} = 0{,}053'' \pm 0{,}011''$ m.F.

Von diesem Doppelstern sagt der ADS: "These two stars probably form a binary system of vast dimensions". Dies beweist in der Tat schon die große gemeinsame Eigenbewegung der Komponenten. Nimmt man als Durchschnitt obiger Angaben für die Parallaxe $0{,}040''$ an, wie durch unsere Untersuchung im wesentlichen bestätigt wird, so beträgt die Transversalgeschwindigkeit rund 90 km/sec. Das Paar gehört damit zu den Schnelläufern bzw. zur Leuchtkraftklasse VI nach Parenago und zur Population 2.

Der scheinbare Abstand der Komponenten, rund $29''$, wird dann 730 AE, und man muß mit einer Umlaufszeit von einigen 10^4 Jahren ohne weiteres rechnen. Es schien daher reizvoll zu ermitteln, was in einem solchen Falle nahe der Grenze des Tragfähigen die oben entwickelten Verfahren ergeben.

Das Beobachtungsmaterial wurde wieder dem BDS und ADS entnommen, ergänzt durch neuere veröffentlichte Messungen, die freundlicherweise Herr Prof. Dr. G. Schrutka zusammengestellt hatte, und durch folgende Wiener Beobachtungen:

$$1959{,}4 \qquad 150{,}0° \qquad 28{,}70'' \qquad 2\,n.$$

Gestrichen wurden bei dem älteren Material die zwei Beobachtungen von $1879{,}3$, wo die Distanz offenbar verfehlt ist. Nach Umrechnung der Positionswinkel wegen Präzession auf $1900{,}0$ ergab sich die Tabelle 24 mit 23 Normalorten. In der Spalte p bezeichnet ein $*$ photographische Messungen. Bei der Ausgleichung wurde das Gewicht p im allgemeinen entsprechend der Zahl der Beobachtungsnächte angesetzt.

Wie man sieht, haben ϑ und ρ sehr kleine, aber merkliche Änderungen, die in den ρ^2 viel deutlicher werden. Die Ausgleichung gibt:

$$\rho^2 = 848{,}95 - 27{,}15 \cdot \tau; \quad \rho_0 = 29{,}137''$$
$$\pm 3{,}26 \quad \pm 4{,}58 \qquad\quad \pm 0{,}056 \quad \text{m. F.}$$
$$\vartheta = 150{,}05° - 0{,}715'' \cdot \tau'$$
$$\pm 0{,}08 \pm 0{,}137 \quad \text{m. F.}$$

Tabelle [24]

Nr.	p	t	ϑ 1900,0	ρ	ρ^2	v_ϑ	v_{ρ^2}
1	3	1829,7	150°,4	29″,58	875,0	− 0°,2	+ 2,7
2	3	42,2	150,7	29,73	883,9	+ 2	− 3,3
3	3	65,9	150,2	29,49	869,7	− 1	+ 11,4
4	3	89,7	150,0	29,09	846,2	0	− 2,8
5	4	92,4	150,2	29,23	854,4	+ 1	+ 6,4
6	4	95,8	150,3	29,18	851,5	+ 3	+ 4,8
7	11	1905,8	149,8	28,98	839,8	− 1	− 3,1
8	9	06,0	150,1	28,25	855,6	+ 2	+ 12,8
9	5	13,9	149,7	29,07	845,1	− 1	+ 5,5
10	2	18,3	150,9	28,63	819,7	+ 1,1	− 18,3
11	9	22,8	150,0	28,92	836,4	+ 0,3	+ 0,2
12	8	25,3	149,2	28,55	815,1	− 5	− 20,1
13	7	27,7	149,4	·28,72	824,8	− 3	− 9,4
14	(20)*	28,3	149,7	28,87	833,5	0	− 0,5
15	3	28,3	149,2	28,98	839,8	− 5	+ 5,8
16	4	31,2	149,7	28,84	831,8	+ 1	− 1,3
17	(10)*	31,4	149,6	28,81	830,1	0	− 2,8
18	7	32,8	149,7	28,95	838,1	+ 1	+ 5,8
19	3	34,9	149,6	28,83	831,2	0	− 0,4
20	2	38,3	149,2	28,90	835,2	− 3	+ 5,0
21	(10)*	55,3	149,7	28,89	834,6	+ 3	+ 11,0
22	(10)*	55,3	149,3	28,70	823,7	− 1	+ 0,1
23	2	59,4	149,7	28,70	823,9	+ 4	+ 1,7

Bei der anschließenden Bahnbestimmung lag die Grenze für die Parabel etwa bei $z = + 0{,}2$, für die Ellipse etwa bei $z = + 0{,}6$, was einer Unsicherheit von nur 6 % in $\dfrac{a}{P^{\frac{2}{3}}}$ bzw. der Parallaxe entspricht. Die Rechnung wurde mit $z = + 0{,}4$ durchgeführt und lieferte folgende Elemente:

$$a'' = 40{,}76$$
$$e = 0{,}46$$
$$P = 32\,000^a$$
$$T = 5200 \text{ (n. Chr.)}$$
$$i = 126°,6$$
$$\omega = 112°,9$$
$$\Omega = 164°,3$$

Weiterhin wird mit obigen Wiener Angaben für die Farben und Helligkeiten der Komponenten

$$\pi = 0\overset{''}{,}0299, \quad m - M = +2{,}69, \quad a = 1360 \text{ AE}, \quad EB = 118 \text{ km/sec}$$

und für

*	$\mathfrak{M}$	M	R	g	δ	Kl.
A	1,32	$+3^{\mathrm{m}}49$	1,57	0,54	0,34	VI
B	1,11	$+4^{\mathrm{m}}39$	1,61	0,43	0,27	VI

XV. Die Systemkonstanten von ADS 2756

Nach den vorhergehenden fünf Fällen kann dieser letzte verhältnismäßig kurz behandelt werden. Es handelt sich gleichfalls um einen der in Brüssel-Uccle bearbeiteten Sterne. Schon Aitken hat das Paar wegen der starken Eigenbewegung als physisch erklärt. Die Beobachtungen von 1881 bis 1942 zeigen schon die Krümmung der scheinbaren Bahn, und die letzte Messung von van den Bos beseitigt jeden Zweifel. Infolge der südlichen Lage des Paares liegen leider keine Helligkeits- und Farbenmessungen vor; die allgemeinen Angaben lauten:

$$\text{ADS } 2756 = \text{BDS } 1878 = \beta\ 1003 = \text{BD} - 28\overset{\circ}{,}1276; \text{ Spektrum K } 2;$$
$$7^{\mathrm{m}}8 \text{ und } 11^{\mathrm{m}}8; \quad 3^{\mathrm{h}}\ 43^{\mathrm{m}}3 - 28°1' (1950{,}0); \quad \mu_\alpha = +0\overset{''}{,}31; \quad \mu_\delta = +0\overset{''}{,}17;$$
$$\pi_d = 0\overset{''}{,}052 \text{ f (Russell)}; \quad \pi_{tr} = 0\overset{''}{,}031 \pm 0\overset{''}{,}018.$$

Das in der nachstehenden Tabelle 25 von Nys übernommene Beobachtungsmaterial ist zwar nicht groß, genügt aber völlig für eine provisorische Bahnbestimmung. Aus dieser sei angeführt:

$$t_0 = 1920{,}0, \quad N = 40, \quad \rho_0 = 2\overset{''}{,}526 \pm 0\overset{''}{,}056, \quad a_1 = -0{,}2920, \quad a_2 = -0{,}2533,$$
$$\vartheta = 26\overset{\circ}{,}51 \pm 1\overset{\circ}{,}16.$$

Damit wird die Unsicherheit der Parallaxe infolge des mittleren Fehlers der scheinbaren Flächenkonstante $\pm 3{,}6\%$ entsprechend $\pm 0\overset{\mathrm{m}}{,}07$ im Entfernungsmodul, also immer noch weitaus klein genug für die eingangs gesteckten Ziele. Die Grenzkriterien engten z zwischen 0,10 und 0,05 — also sehr stark — ein. Ein erstes Elementensystem stellte die Beobachtungen schon sehr gut dar. Über die gemessenen x und y weg wurden die Thiele-Innes-Konstanten nach den Vor-

Tabelle 25

Nr.	t	n	ϑ 1900,0	ρ	x	y	v_x	
1	1881,8	2	20,6	2,69	+ 2,52	+ 0,94	+ 0,14	—. 02
2	92,0	3	30,4	2,48	+ 2,13	+ 1,26	— 14	+ 3
3	99,0	2	34,4	2,76	+ 2,28	+ 1,56	+ 12	+ 16
4	1900,0	2	29,8	2,60	+ 2,26	+ 1,29	+ 11	— 13
5	24,9	2	44,9	2,28	+ 1,62	+ 1,60	+ 6	— 25
6	25,9	1	48,7	2,54	+ 1,68	+ 1,91	+ 15	+ 5
7	27,0	1	50,8	2,56	+ 1,62	+ 1,99	+ 12	+ 12
8	29,7	3	53,2	2,37	+ 1,42	+ 1,90	+ 1	+ 1
9	30,5	4	52,1	2,42	+ 1,49	+ 1,91	— 5	+ 1
10	33,7	4	57,7	2,26	+ 1,21	+ 1,91	— 7	— 1
11	35,2	4	55,5	2,40	+ 1,35	+ 1,97	+ 15	+ 4
12	37,4	3	59,0	2,22	+ 1,14	+ 1,90	+ 7	— 3
13	38,7	4	63,6	2,22	+ 0,99	+ 1,99	— 11	+ 6
14	42,3	4	62,2	2,34	+ 1,09	+ 2,07	+ 13	+ 13
15	42,7	3	62,0	2,23	+ 1,04	+ 1,97	+ 9	+ 3
16	55,5	2	74,5	1,83	+ 0,49	+ 1,96	+ 6	— 4

schlägen von van den Bos geringfügig verbessert und ergaben die
letzten Spalten der Tabelle 25 sowie die Bahnelemente:

$$a'' = 2,761 \qquad A = -1,021$$
$$e = 0,280 \qquad F = -2,014$$
$$P = 425,0^a \qquad B = +1,601$$
$$T = 1983,0 \qquad G = -1,838$$
$$i = 48,00$$
$$\omega = 77,58$$
$$\Omega = 50,76$$

Die Ephemeride in Tabelle 26 bezieht sich wie in allen anderen
Fällen auf das Äquinox 1900,0. Danach wird man nach 1980 wohl
zu einer wesentlichen Bahnverbesserung kommen können.

Tabelle 26

t	ϑ	ρ
1960	83,0	1,75
1970	97,0	1,57
1980	120,5	1,08
1990	138,4	1,33
2000	159,5	1,42

Für die Berechnung der strahlungsenergetischen Parallaxe usw. wurde mit Rücksicht auf die unsicheren astrophysikalischen Daten das Massenverhältnis der Komponenten, entsprechend dem Vorschlage auf S. 49 aus dem Helligkeitsunterschied abgeleitet bzw.

$$\log \left(1 + \frac{\mathfrak{M}_B}{\mathfrak{M}_A}\right) = 0{,}136.$$

Dann ergab sich $\pi = 0{,}''0488$; $m - M = + 1{.}^{m}6$; $\mathfrak{M}_A = 0{,}74$; $\mathfrak{M}_B = 0{,}27$; $M_A = + 6{.}^{m}3$; $M_B = + 10{.}^{m}0$. Beide Komponenten sind Hauptreihensterne. Die große Achse der Bahn beträgt 56,5 AE; die EB entspricht 30 km/sec. R, g und δ können mangels photometrisch-kolorimetrischer Daten nicht abgeleitet werden.

Literatur

[1] Parenago, P. P.: Revision des Spektrum-Helligkeits-Diagramms der nahen Sterne. Russ. Astron. J., XXXV, Nr. 2 (1958).

[2] General Catalogue of Trigonometric Stellar Parallaxes. Yale University Observatory 1952.

[3] Hertzsprung, E.: The Observatory, Bd. 72, S. 242 (1952).

[4] Strand, K. A.: A. J., Bd. 63, Nr. 5 (1958).

[5] Franz, O.: Strahlungsenergetische Parallaxen. Mitt. Univ.-Sternw. Wien, Bd. 8, Nr. 1 (1956).

[6] Hopmann, J.: Der Doppelstern ADS 11632. Mitt. Univ.-Sternw. Wien, Bd. 7, Nr. 3 (1955).

[7] Fantoli, A.: Contr. Scient. di Oss. Astron. Roma-Monto Mario, Bd. 236 (1957).

[8] Baize, P.: Journ. d. Observateurs, Bd. 42, S. 109 (1959).

[9] — Journ. d. Observateurs, Bd. 41, S. 163 (1958).

[10] Russell, H. N., and Ch. E. Moore: The Masses of the Stars, with a General Catalogue of Dynamical Parallaxes. Chicago 1946.

[11] Hopmann, J.: Die Bestimmung der Systemkonstanten langperiodischer visueller Doppelsterne. Abh. math.-naturwiss. Kl. Sächs. Ak. Wiss., Bd. 63, Nr. 3 = Veröff. Leipzig, Heft 8 (1945).

[12] — Photometrisch-kolorimetrische Beobachtungen von visuellen Doppelsternen. VI: Mitt. Univ.-Sternw. Wien, Bd. 10, S. 47 (1959).

[13] Wallenquist, Å.: A General Catalogue of Differences in Magnitudes of Double Stars. Uppsala 1954.

[14] Hopmann, J.: Photometrisch-kolorimetrische Beobachtungen von visuellen Doppelsternen.

    I: Mitt. Univ.-Sternw. Wien, Bd. 6, S. 209 (1954).

    II: Mitt. Univ.-Sternw. Wien, Bd. 7, S. 169 (1955).

    III: Mitt. Univ.-Sternw. Wien, Bd. 7, S. 187 (1955).

    IV: Mitt. Univ.-Sternw. Wien, Bd. 9, S. 41 (1956).

    V: Mitt. Univ.-Sternw. Wien, Bd. 10, S. 21 (1959).

[15] Siehe [6], S. 81.

[16] Mädler, J. H.: Beobachtungen d. Kaiserl. Univ.-Sternw. Dorpat, Bd. 9, S. 202 (1840—1841).

[17] Jonckheere, R.: The Observatory, Bd. 73, S. 245 (1953),

[18] Comstock, G. C.: Publ. Washburn Obs., Bd. 12 (1908).

[19] Hertzsprung, E.: A. N., Bd. 190, S. 113 (1911).

[20] Jackson, J., and H. H. Furner: The Hypothetical Parallaxes of 556 Visual Double Stars, with a determination of the Velocity and Direction of the Solar Motion. M. N., Bd. 81, S. 2 (1920).

[21] Russell, H. N.: A. J., Bd. 38, S. 89 (1928).

[22] — A. J., Bd. 39, S. 165 (1929).

[23] Hopmann, J.: Zur Statistik der visuellen Doppelsterne. Mitt. Univ.-Sternw. Wien, Bd. 8, S. 221 (1956).

[24] Muller, P.: Journ. d. Observateurs, Bd. 36, S. 61 (1953).

[25] Rabe, W.: Über Bahnbestimmung und Bahnverbesserung visueller Doppelsterne aus kurzen Bahnbögen. A. N., Bd. 265, S. 177 (1938).

[26] Muller, P.: Bull. Astr., XXI, S. 195 (1957).

[27] Dommanget, J.: Bull. Astr., XX, S. 183 (1955).

[28] Wilson, R. E.: General Catalogue of Stellar Radial Velocities. Washington 1953.

[29] Hnatek, A.: A. N., Bd. 195, S. 172 (1913).

[30] Rabe, W.: Mikrometermessungen von Doppelsternen in den Jahren 1932 bis 1946. Astr. Abh., Ergänzungshefte zu den A. N., Bd. 12, Nr. 3 (1953).

[31] Sandage, A.: The Stars within 15 Parsecs of the Sun. Stellar Populations, Ricerche Astronomiche, Specola Vaticana, Bd. 5 (1958).

[32] Hopmann, J.: Weitere Untersuchungen an Antares. Mitt. Univ.-Sternw. Wien, Bd. 9, S. 135 (1957.)

[33] — Der Doppelstern ADS 246 = GR 34. Mitt. Univ.-Sternw. Wien, Bd. 9, S. 153 (1957).

[34] — Der Flare Star und Doppelstern BD + 19°5116. Mitt. Univ.-Sternw. Wien, Bd. 9, S. 127 (1957).

[35] Schlesinger, F., and St. Udick: Tables for the True Anomaly in Elliptic Orbits. Publ. Allegheny Obs., Vol. 2 (1912).

[36] Tables of X and Y. Union of South Africa, Union Obs. Johannesburg, Circular No. 71, 1926, Dec. 17.

[37] Finsen, W. S.: The Orbit of α Centauri. Union of South Africa, Union Obs. Johannesburg, Circular No. 68, 1926, Feb. 26.

[38] Nys, O.: Trajectoires rectilignes pour treize compagnons d'étoiles doubles visuelles. Ann. de l'Obs. Royal de Belgique, 3. Ser., Bd. 8, Nr. 2 (1959).

[39] Dommanget, J.: Limites rationnelles d'un catalogue d'étoiles doubles visuelles. Bull. Astr., Bd. 20, Nr. 3 (1956).

P e t r i W.: Katalog der galaktozentrischen Bahnelemente von 353 Sternen der Sonnenumgebung
S 12.—

S c h r u t k a - R e c h t e n s t a m m G.: Relative Höhenbestimmungen auf dem Monde mittels des
Pariser Mondatlasses und visueller Messungen am Fernrohr. S 30.—

S c h ü t t e K.: Galaktozentrische Bahnelemente von 1026 Fixsternen in der nächsten Umgebung
der Sonne (Teil IV u. V) (mit 4 Abbildungen). S 26.90

W i d o r n Th.: Lichtelektrische Beobachtungen am 38-cm-Astrographen der Universitätsstern-
warte Wien (mit 2 Abbildungen). S 10.90

1955 (S II, Bd. 164):

F e r r a r i d'O c c h i e p p o K.: Direkte Relationen zwischen ekliptikalen, galaktischen und azimu-
talen Koordinaten. S 39.50

F e r r a r i d'O c c h i e p p o K.: Die Massen der Delta Cephei- und RR-Lyrae-Sterne (mit 1 Abbildung). S 7.—

F r a n z O.: Strahlungsenergetische Parallaxen von 400 Doppelsternen (mit 8 Abbildungen). S 90.40

H a u p t H.: Eine ungewöhnliche Spektralaufnahme einer Protuberanz am Koronographen (mit
2 Abbildungen). S 5.90

H o p m a n n J.: Zur Statistik der visuellen Doppelsterne. S 32.—

S c h r u t k a - R e c h t e n s t a m m G.: Zur Physischen Libration des Mondes. S 78.—